SISTEMAS HIDRÁULICOS E PNEUMÁTICOS

Revisão técnica:

Delmonte N. Friedrich
Engenheiro Mecânico
Especialista em Gestão Empresarial
Mestre em Fabricação

S587c   Silveira Filho, Elmo Souza Dutra da.
          Sistemas hidráulicos e pneumáticos / Elmo Souza Dutra da
        Silveira Filho, Bruna Karine dos Santos; [revisão técnica :
        Delmonte N. Friedrich]. Porto Alegre : SAGAH, 2018.

          ISBN 978-85-9502-514-1

          1. Engenharia mecânica. 2. Estruturas hidráulicas.
        3. Pneumática. I. Santos, Bruna Karine dos. II. Título.

                                                        CDU 626

Catalogação na publicação: Karin Lorien Menoncin CRB -10/2147

SISTEMAS HIDRÁULICOS E PNEUMÁTICOS

Elmo Souza Dutra da Silveira Filho
Engenheiro mecânico
Mestre em Engenharia Mecânica

Bruna Karine dos Santos
Engenheira Mecânica

Porto Alegre
2018

sagah+

© SAGAH EDUCAÇÃO S.A., 2018

Gerente editorial: *Arysinha Affonso*

Colaboraram nesta edição:
Assistente editorial: *Fernanda Anflor*
Preparação de originais: *Gabriela Sitta e Renata Ramisch*
Capa: *Paola Manica | Brand&Book*
Editoração: *Kaéle Finalizando Ideias*

> **Importante**
> Os links para sites da Web fornecidos neste livro foram todos testados, e seu funcionamento foi comprovado no momento da publicação do material. No entanto, a rede é extremamente dinâmica; suas páginas estão constantemente mudando de local e conteúdo. Assim, os editores declaram não ter qualquer responsabilidade sobre qualidade, precisão ou integralidade das informações referidas em tais links.

Reservados todos os direitos de publicação à
SAGAH EDUCAÇÃO S.A., uma empresa do GRUPO A EDUCAÇÃO S.A.

Rua Ernesto Alves, 150 – Bairro Floresta
90220-190 – Porto Alegre – RS
Fone: (51) 3027-7000

SAC 0800 703-3444 – www.grupoa.com.br

É proibida a duplicação ou reprodução deste volume, no todo ou em parte, sob quaisquer formas ou por quaisquer meios (eletrônico, mecânico, gravação, fotocópia, distribuição na Web e outros), sem permissão expressa da Editora.

IMPRESSO NO BRASIL
PRINTED IN BRAZIL

APRESENTAÇÃO

A recente evolução das tecnologias digitais e a consolidação da internet modificaram tanto as relações na sociedade quanto as noções de espaço e tempo. Se antes levávamos dias ou até semanas para saber de acontecimentos e eventos distantes, hoje temos a informação de maneira quase instantânea. Essa realidade possibilita a ampliação do conhecimento. No entanto, é necessário pensar cada vez mais em formas de aproximar os estudantes de conteúdos relevantes e de qualidade. Assim, para atender às necessidades tanto dos alunos de graduação quanto das instituições de ensino, desenvolvemos livros que buscam essa aproximação por meio de uma linguagem dialógica e de uma abordagem didática e funcional, e que apresentam os principais conceitos dos temas propostos em cada capítulo de maneira simples e concisa.

Nestes livros, foram desenvolvidas seções de discussão para reflexão, de maneira a complementar o aprendizado do aluno, além de exemplos e dicas que facilitam o entendimento sobre o tema a ser estudado.

Ao iniciar um capítulo, você, leitor, será apresentado aos objetivos de aprendizagem e às habilidades a serem desenvolvidas no capítulo, seguidos da introdução e dos conceitos básicos para que você possa dar continuidade à leitura.

Ao longo do livro, você vai encontrar hipertextos que lhe auxiliarão no processo de compreensão do tema. Esses hipertextos estão classificados como:

Saiba mais

Traz dicas e informações extras sobre o assunto tratado na seção.

Fique atento

Alerta sobre alguma informação não explicitada no texto ou acrescenta dados sobre determinado assunto.

Exemplo

Mostra um exemplo sobre o tema estudado, para que você possa compreendê-lo de maneira mais eficaz.

Link

Indica, por meio de *links*, informações complementares que você encontra na Web.

https://sagah.com.br/

Todas essas facilidades vão contribuir para um ambiente de aprendizagem dinâmico e produtivo, conectando alunos e professores no processo do conhecimento.

Bons estudos!

PREFÁCIO

A evolução da indústria é consequência da necessidade de produzir mais e melhor. O trabalho braçal e repetitivo, base da indústria do século XX, se transformou. Hoje falamos da indústria 4.0, em que as máquinas se comunicam entre si e sua produtividade é infinitamente maior.

Nesse novo modelo de indústria, a presença de robôs nas linhas de produção é uma realidade. Nela, as pessoas deixam de fazer tarefas que exigem esforço físico e passam a desenvolver aquelas relacionadas a pensar, a projetar e a transformar, atendendo à crescente demanda de uma população mundial que já ultrapassou os 7 bilhões de habitantes.

Alimentos, vestuário, automóveis, computadores, celulares, eletrodomésticos, remédios e tudo mais que se possa imaginar são produzidos por meio da automação industrial, o que envolve sistemas hidráulicos e pneumáticos. Além disso, aviões, navios e trens, utilizados para distribuir tudo o que se produz no mundo, também são dotados de sistemas hidráulicos e pneumáticos. A hidráulica é responsável por reproduzir a força, enquanto a pneumática é responsável pela velocidade. Os robôs utilizam esses recursos, assim como o fazem as sopradoras e as envasadoras, em linhas de produção.

O engenheiro mecânico, aliado a profissionais de outras áreas, como os de elétrica e automação, utiliza esses sistemas em diversas aplicações, seja na fase de projeto, na implementação ou na manutenção de máquinas.

Este livro é um convite para conhecer o universo dos sistemas hidráulicos e pneumáticos. Nele, você estudará assuntos relacionados a física aplicada, materiais, fluidos, elétrica, eletrônica e mecânica. Após a leitura desta obra, você terá condições de projetar sistemas consistentes de automação industrial baseados no princípio da hidráulica e pneumática.

SUMÁRIO

Unidade 1

Introdução à hidráulica: características gerais
dos sistemas hidráulicos 13
Elmo Souza Dutra da Silveira Filho
   Princípios da hidráulica 13
   Sistema hidráulico básico 21
   Relações entre pressão e área 23

Fluidos hidráulicos 27
Elmo Souza Dutra da Silveira Filho
   Fluidos hidráulicos: introdução e tipos 27
   Viscosidadew 30
   Seleção de fluidos hidráulicos e manutenção 34

Bombas e motores hidráulicos 39
Elmo Souza Dutra da Silveira Filho
   Bombas e motores hidráulicos 39
   Dimensionamento de bombas hidráulicas 46
   Seleção do conjunto motobomba adequado 47

Válvulas de controle hidráulico 51
Elmo Souza Dutra da Silveira Filho
   Principais tipos de válvulas 51
   Como são fabricadas as válvulas de controle hidráulico? 62
   Seleção de válvulas de controle hidráulico a partir de catálogos
      de fornecedores 63

Elementos hidráulicos de potência 65
Elmo Souza Dutra da Silveira Filho
   Elementos hidráulicos de potência 65
   Características mínimas de um elemento hidráulico de potência 73
   Seleção de uma unidade hidráulica de potência de acordo com a aplicação 74

Técnicas de comando hidráulico e aplicações a circuitos básicos . 77
Elmo Souza Dutra da Silveira Filho
   O princípio de funcionamento de um circuito básico 78
   Elementos que compõem um circuito hidráulico básico 79
   Recursos que podem ser inseridos em um circuito hidráulico 84

Unidade 2

Introdução à pneumática 89
Elmo Souza Dutra da Silveira Filho
- Noções básicas de pneumática 89
- Funcionamento de um sistema pneumático 98
- Quando utilizar um sistema pneumático? 99

Características dos sistemas pneumáticos 103
Elmo Souza Dutra da Silveira Filho
- Principais grandezas envolvidas em sistemas pneumáticos 103
- Características dos sistemas pneumáticos 108
- Principais possibilidades de aplicação dos sistemas pneumáticos 111

Unidade 3

Geração de ar comprimido 117
Elmo Souza Dutra da Silveira Filho
- Ar comprimido 118
- Compressores de ar 122
- Princípios de geração e distribuição de ar comprimido 124

Especificação de compressores e distribuição de ar comprimido 129
Elmo Souza Dutra da Silveira Filho
- Diferentes tipos de compressores e suas especificidades 129
- Distribuição de ar comprimido 132
- Seleção do compressor adequado para cada tipo de rede de distribuição de ar comprimido 139

Unidade 4

Dimensionamento de redes de distribuição de ar comprimido ... 145
Bruna Karine dos Santos
- A pneumática 146
- Cálculo da perda de carga em uma rede de ar comprimido 151
- Seleção de válvulas e dispositivos de distribuição de ar comprimido em função de pressão e vazão 156

Controles pneumáticos 163
Bruna Karine dos Santos
- Controladores pneumáticos 164
- Sistemas de controles pneumáticos 166
- Atuação de controles pneumáticos em sistemas de manufatura 170

Atuadores pneumáticos 175
Bruna Karine dos Santos
    Princípio de funcionamento dos atuadores pneumáticos 176
    Tipos de atuadores pneumáticos 180
    Seleção de atuador pneumático em função da aplicação 190

Circuitos pneumáticos básicos 199
Bruna Karine dos Santos
    Componentes de um circuito pneumático 199
    Desenho de um circuito pneumático 210
    Cálculo da pressão e da vazão de um circuito pneumático 215

Comandos sequenciais 219
Bruna Karine dos Santos
    Conceito de comandos sequenciais 220
    Projeto de comandos sequenciais 220
    Componentes de comandos sequenciais 226

Dispositivos eletro-hidráulicos e eletropneumáticos 233
Bruna Karine dos Santos
    Dispositivos comandados eletricamente 234
    Importância dos dispositivos eletro-hidráulicos e eletropneumáticos 241
    Seleção de dispositivos eletro-hidráulicos e eletropneumático 243

Gabaritos **248**

UNIDADE 1

Introdução à hidráulica: características gerais dos sistemas hidráulicos

Objetivos de aprendizagem

Ao final deste texto, você deve apresentar os seguintes aprendizados:

- Discutir sobre os princípios da hidráulica.
- Explicar como funciona um sistema hidráulico.
- Identificar as relações entre pressão e área.

Introdução

A hidráulica é um sistema que utiliza um fluido como meio transmissor de energia para a execução de trabalho útil. Por exemplo, ela utiliza óleo hidráulico sob pressão para acionamentos em máquinas e equipamentos estacionários e móveis. Sistemas hidráulicos são muito usados na indústria, na construção civil, em veículos e até na aviação.

Neste capítulo, você vai conhecer as características gerais dos sistemas hidráulicos e aprender os princípios e fundamentos do sistema hidráulico. Ainda, vai conhecer as relações entre pressão, área, vazão e força, que são grandezas físicas importantes.

Princípios da hidráulica

Os fluidos, incluindo líquidos e gases, desempenham um papel central em nossa vida diária: nós os respiramos e bebemos, e um fluido bastante vital circula em nosso sistema cardiovascular. Nos nossos carros, há fluido nos pneus, no tanque de gasolina, no radiador, nas câmaras de combustão, no sistema de exaustão, na bateria, no sistema de freios, etc. Utilizamos a energia cinética de um fluido em movimento nos moinhos de vento, e a sua energia potencial em usinas hidroelétricas. Na Figura 1, você pode ver um exemplo de uso da hidráulica em um avião.

A pneumática e a hidráulica utilizam fluidos como meios de transmissão de energia — ar e óleo, respectivamente. Para um estudo completo desses assuntos, é importante abordar aspectos físicos do comportamento de gases e líquidos sob pressão.

Figura 1. Exemplo de um avião a jato, que utiliza a hidráulica para trem de pouso, flaps, leme.
Fonte: Marumaru/Shutterstock.com.

Definição de fluido e domínio da mecânica dos fluidos

Um fluido é uma substância que pode escoar, adaptando-se prontamente ao contorno de qualquer recipiente que o contém. Nos sólidos, os átomos estão postos num arranjo tridimensional completamente rígido, chamado de rede cristalina; nos fluidos, porém, não existe qualquer arranjo ordenado de grande alcance, e as interações se restringem às moléculas vizinhas.

A mecânica dos fluidos é o ramo da física que estuda o comportamento dos líquidos e gases. É dividida em **fluidostática** (fluidos em repouso) e **fluidodinâmica** (fluidos em movimento). Como a água era o fluido utilizado antigamente, utilizam-se os conceitos hidrostática e hidrodinâmica como sinônimos.

Leis genéricas da hidráulica

A tecnologia dos fluidos requer o entendimento das características mecânicas desses fluidos, isto é, a sua capacidade de transmitir pressão ou energia. A denominação hidromecânica é mais empregada em óleo-hidráulica.

Hidrostática

Conforme estudado na física elementar, a base da hidrostática é a **lei de Pascal**, que enuncia: "[...] no interior de um fluido em repouso, a pressão é constante em cada ponto" (REIS, 2008, p. 34). A determinada profundidade, a pressão é a mesma em qualquer direção.

Ao confinar um fluido em uma câmara, como ocorre nos sistemas óleo-hidráulicos (por exemplo, um cilindro), queremos atuar com valores bem mais altos do que os valores atuantes no campo da gravidade terrestre. Essa pressão surgirá por meio do uso de técnicas apropriadas, como bombas hidráulicas.

Para a movimentação de um cilindro, a bomba hidráulica deve continuar alimentando esse cilindro com fluido sob pressão, movimentando uma quantidade desse fluido. Outro estudo da física usado para fundamentar a hidrostática é a lei de Stevin, cuja aplicação é ilustrada na Figura 2 por meio de vasos comunicantes.

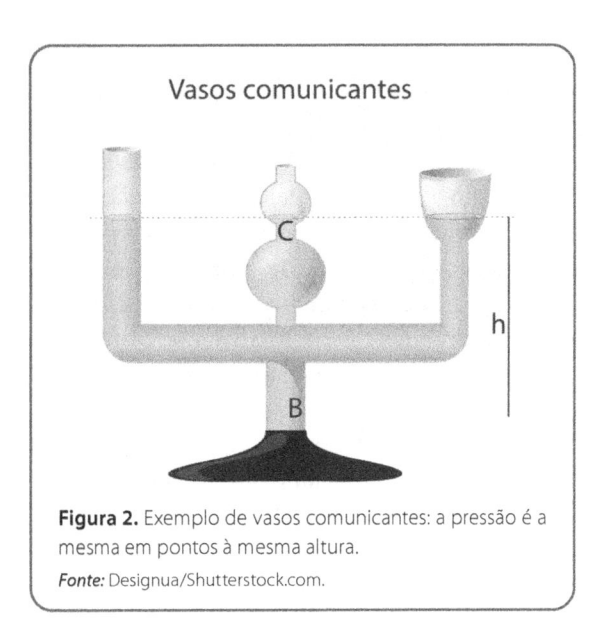

Figura 2. Exemplo de vasos comunicantes: a pressão é a mesma em pontos à mesma altura.
Fonte: Designua/Shutterstock.com.

Observe os pontos B e C no interior de uma massa fluida, supondo-a em equilíbrio estático e sob ação da gravidade, onde Pb e Pc são a pressão nos pontos B e C, respectivamente, e γ é o peso específico do fluido em equilíbrio. A diferença de pressão obedece à seguinte expressão:

$$Pb - Pc = \gamma\, h$$

Onde:
Pb = pressão em B
Pc = pressão em C
γ = peso específico do líquido
h = distância

O enunciado da lei de Stevin diz que a diferença de pressão entre dois pontos, no interior de uma massa fluida (em equilíbrio estático e sujeita à gravidade), é igual ao peso da coluna de fluido, tendo por base a unidade de área e por altura a distância vertical entre os dois pontos.

Da expressão, obtém-se que:

$$Pb = Pc + \gamma\, h$$

Onde:
Pb = pressão em B
Pc = pressão em C
γ = peso específico do líquido
h = distância

Logo, a pressão no ponto inferior B é igual à pressão no ponto superior C, acrescida do produto $\gamma\, h$. A lei de Pascal afirma que a pressão exercida sobre a superfície de uma massa fluida é transmitida ao seu interior, integralmente em todas as direções. Com tal lei, assim como com o princípio de Pascal (Figura 3), é que verificamos inúmeras aplicações (freios de automóvel, prensas hidráulicas, etc.). Utilizam-se os fundamentos da mecânica dos fluidos em todos os elementos construtivos de instalações da tecnologia de fluidos.

A partir da lei de Pascal, ao desprezarmos a pressão por gravidade (fluidostática), a pressão em todos os pontos torna-se igual. Devido às pressões com as quais se trabalha nas instalações hidráulicas modernas, despreza-se a pressão por gravidade. Como a pressão distribui-se igualmente em todas as direções, o formato do recipiente é irrelevante.

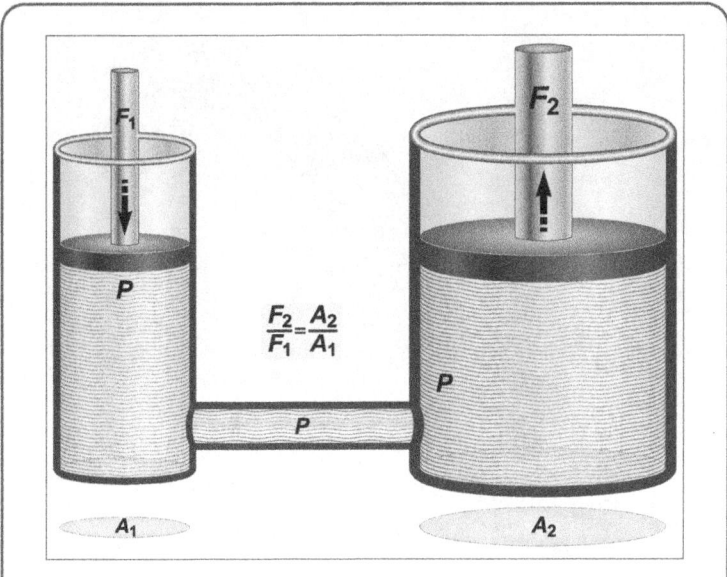

Figura 3. Aplicação da lei de Pascal: a pressão é constante em cada ponto de um fluido em repouso.
Fonte: Fouad A. Saad/Shutterstock.com.

Leis da vazão

Denomina-se **velocidade média** de um fluido, em determinada seção, a velocidade cujo produto pela superfície dessa seção resulta na vazão do fluido.

Denomina-se **vazão** a quantidade de fluido que passa, por unidade de tempo, em determinada seção. Nos circuitos hidráulicos, a vazão geralmente é medida na unidade de litros por minuto; a velocidade, em metros por segundo; e as seções, em cm².

$$Q = A\,v$$

Onde:
Q = vazão
v = velocidade
Em um duto de seção constante, a vazão também é constante. Em dutos com seções transversais diferentes, a velocidade do fluido também será diferente. A Figura 4 ilustra esse princípio.

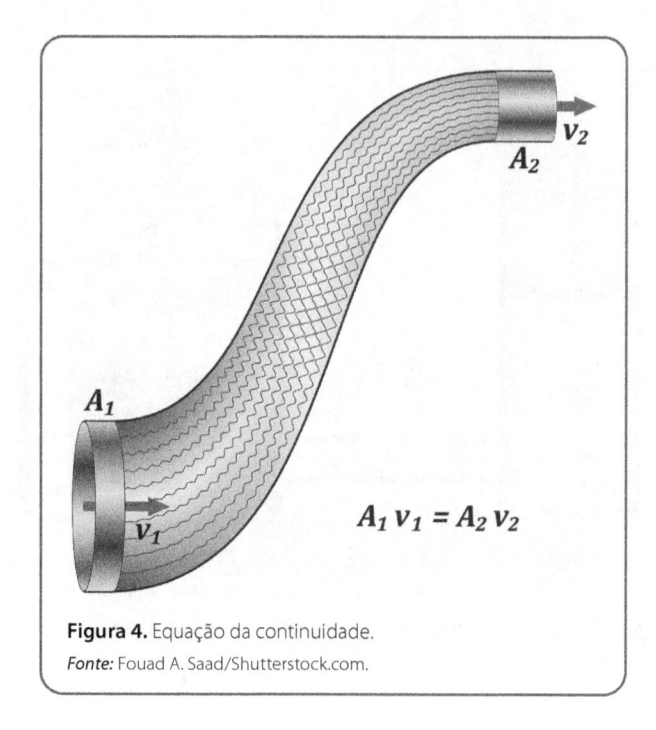

Figura 4. Equação da continuidade.
Fonte: Fouad A. Saad/Shutterstock.com.

Se o duto tem seções transversais A_1 e A_2, então deverá ocorrer, na região das seções transversais, uma velocidade de fluxo específica:

$$Q_1 = Q_2$$
$$Q_1 = A_1 v_1$$
$$Q_2 = A_2 v_2$$

A equação da continuidade resulta:

$$A_1 v_1 = A_2 v_2$$

Classificação dos escoamentos

Escoamento laminar: até determinada velocidade, os fluidos escoam como se fossem lâminas ou camadas, através do duto. Admitindo-se que a velocidade das partículas na parede da tubulação é nula, no centro ela será máxima — também denominada de **crítica**. A variação de velocidades descreve um perfil quadrático.

Escoamento turbulento: quando a velocidade do fluido atinge valores maiores, a forma de escoamento e o perfil de velocidades são modificados. A velocidade crítica torna-se giratória, o que implica em elevação na resistência ao escoamento e perdas hidráulicas. A velocidade de deslocamento das partículas de um ponto qualquer da veia líquida turbulenta não está dirigida segundo o eixo da tubulação, como ocorre no escoamento laminar. Ao mesmo tempo, a sua direção varia com o tempo. A Figura 5 ilustra os escoamentos laminares e turbulentos.

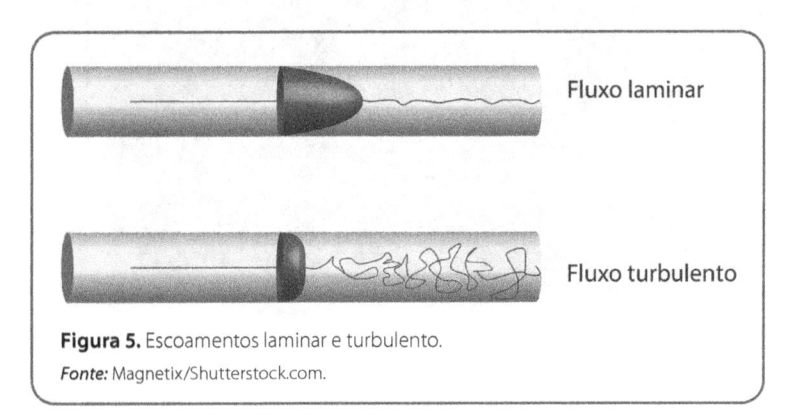

Figura 5. Escoamentos laminar e turbulento.
Fonte: Magnetix/Shutterstock.com.

Viscosidade

A viscosidade ocorre devido ao atrito interno das moléculas no interior dos fluidos. Essa propriedade só ocorre quando o fluido entra em escoamento, manifestando-se em forças que tentam impedir o movimento do fluido. Em outras palavras, a viscosidade é uma taxa que indica o grau de dificuldade que um fluido encontra para se deslocar dentro de tubulações. A viscosidade é o contrário da fluidez, que indica a facilidade que o fluido tem de mudar de forma, devido à ação de forças de cisalhamento.

> **Fique atento**
>
> A viscosidade é a resistência que o fluido oferece ao escoamento. Fluidos como a água têm baixa viscosidade ou resistência ao escoamento; já um óleo grosso tem alta resistência ao escoamento. Nesta última categoria, encontramos o betume, de altíssima viscosidade.

Tanto a fluidez quanto a viscosidade são propriedades características de cada fluido, que se manifestam em seu interior, independentemente do material sólido com o qual estão em contato. A Figura 6 mostra um exemplo de fluido de alta viscosidade: o asfalto.

Figura 6. Asfalto é um fluido de alta viscosidade.
Fonte: Thaweechai Rujiramora/Shutterstock.com.

Analogia hidroelétrica

Um circuito hidráulico pode ser comparado por analogia a um circuito elétrico: a bomba hidráulica equivale a uma fonte de tensão, a pressão equivale à tensão. O fluxo de óleo equivale à corrente elétrica, e as restrições à passagem de fluido equivalem à resistência elétrica.

Vantagens da hidráulica

O óleo hidráulico é um fluido praticamente incompressível. Com atuadores de pequenas dimensões, é possível controlar grandes cargas com segurança e precisão de posicionamento e velocidade, proporcionando paradas precisas e suaves. A hidráulica é utilizada em máquinas de precisão, como tornos, fresadoras CNC, robôs. O óleo é o próprio lubrificante do sistema, que evita a oxidação das partes metálicas e ajuda na dissipação do calor gerado.

Desvantagens da hidráulica

O óleo hidráulico necessita de dutos de retorno. Por trabalhar com altas pressões, os componentes são robustos e caros. Além disso, a viscosidade do óleo faz com que, de maneira geral, não se obtenham grandes velocidades nos atuadores, as quais também são dependentes da temperatura. Outra desvantagem é que vazamentos de fluido ocasionam sujeira e poluição.

Sistema hidráulico básico

Um sistema hidráulico básico é constituído por um circuito fechado de um fluido em bombeamento: um motor aciona uma bomba, que cria a vazão desse fluido, o qual sempre retorna ao reservatório. As restrições à passagem do fluido vão criar a pressão, medida por um manômetro. Válvulas protegem o circuito de sobrepressões, assim como direcionam e controlam o fluxo de óleo para utilização nos atuadores (cilindros e motores hidráulicos que executam o trabalho). A Figura 7 ilustra um sistema hidráulico básico.

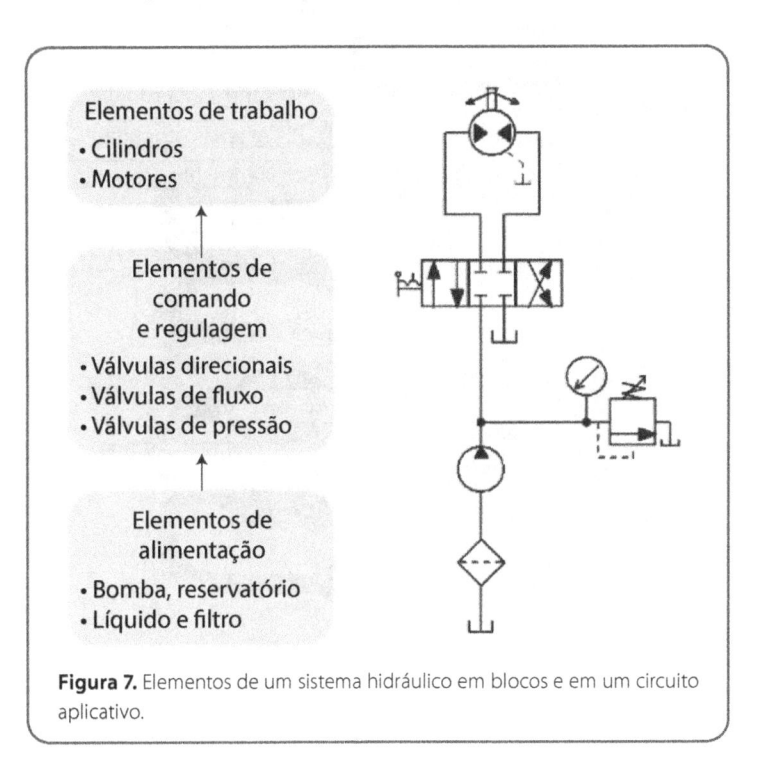

Figura 7. Elementos de um sistema hidráulico em blocos e em um circuito aplicativo.

Analogia de um sistema hidráulico com o corpo humano

Um sistema hidráulico pode ser comparado com o sistema circulatório humano. O coração é uma bomba do fluido sangue, as veias são as tubulações, os rins fazem a filtragem do sangue. A Figura 8 ilustra essa analogia.

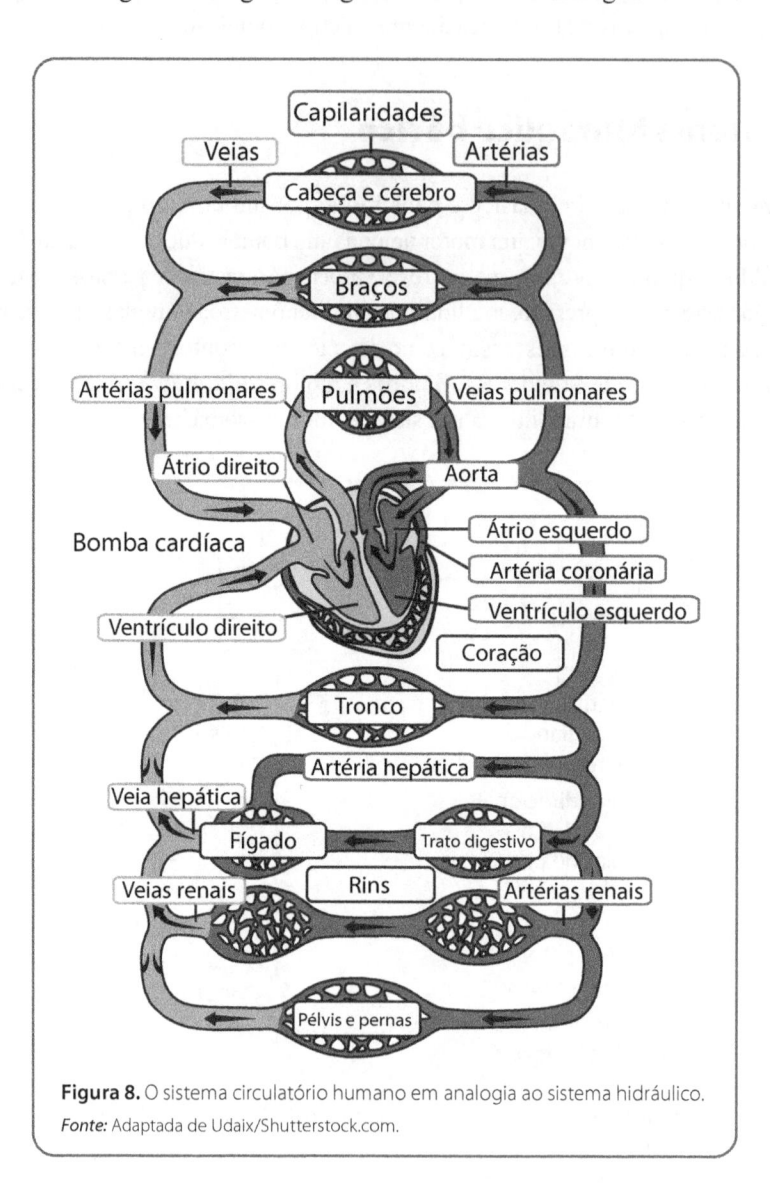

Figura 8. O sistema circulatório humano em analogia ao sistema hidráulico.
Fonte: Adaptada de Udaix/Shutterstock.com.

Relações entre pressão e área

A pressão é definida como a aplicação de uma força distribuída sobre uma área:

$$P = \frac{|\vec{F}|}{A}$$

P - Pressão
$|\vec{F}|$ - Módulo de força
A - Área de contato

A unidade de medida da pressão é newton por metro quadrado (N/m²). A pressão também pode ser exercida entre dois sólidos. No caso dos fluidos, o newton por metro quadrado também é denominado **pascal** (*Pa*). A Figura 9 traz um esquema representativo da relação entre força e área.

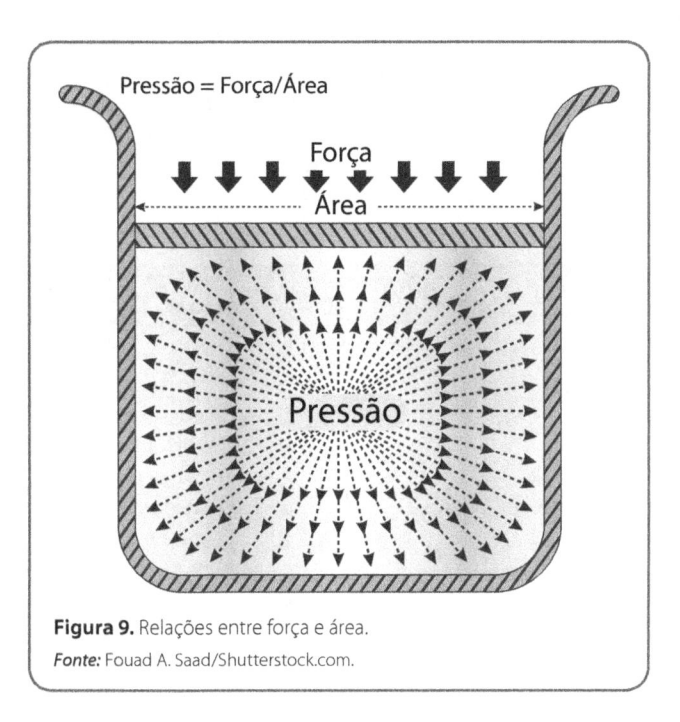

Figura 9. Relações entre força e área.
Fonte: Fouad A. Saad/Shutterstock.com.

Pressão atmosférica

No nosso planeta, em qualquer parte da sua superfície, os corpos estão envoltos em um fluido gasoso: o ar. Como todo fluido, ele causa uma pressão nos corpos nele imersos. A pressão atmosférica deve ser expressa em Pa (N/m²). Todavia, outras unidades podem ser encontradas:

- atmosfera (atm);
- milímetros de mercúrio (mmHg) ou centímetros de mercúrio (cmHg);
- metros de coluna d'água (mca).

Então, é possível relacionar as várias medidas comparando-se os valores da pressão atmosférica ao nível do mar:

1 atm = 101325 Pa = 10,2 mca = 760 mmHg = 1 bar = 14,22 lb/pol² (psi) = 1 kg/cm²

Exemplo

A força de atuação em cilindros hidráulicos é um exemplo de aplicação desse princípio. Como a força é igual ao produto da pressão pela área, para um cilindro de 80 cm² de área a uma pressão de 300 kg/cm², a força resultante será de 80 × 300 = 24.000 kg.

Exercícios

1. Sistemas hidráulicos utilizam que tipo de fluido de trabalho?
   a) Vácuo.
   b) Ar comprimido.
   c) Nitrogênio comprimido.
   d) Óleo hidráulico.
   e) Água pressurizada.

2. Sistemas hidráulicos têm como principais características:
   a) grandes velocidades com pequena força, sem precisão de acionamento.
   b) baixas velocidades com grandes forças e precisão de acionamento.
   c) grandes velocidades, paradas intermediárias sem precisão e pequena força.
   d) baixas velocidades, pequenas forças, paradas precisas só em fim de curso dos atuadores.
   e) nenhuma das alternativas.

3. Qual o nome da propriedade física que ocorre devido ao atrito interno das moléculas no interior dos fluidos e surge quando o fluido entra em escoamento, manifestando-se

em forças que tentam impedir o movimento do fluido?
a) Compressibilidade.
b) Elasticidade.
c) Difusibilidade.
d) Vazão.
e) Viscosidade.

4. Qual o significado físico da variável física vazão?
a) É o deslocamento de um volume de fluido em uma unidade de tempo.
b) É a força aplicada em uma área.
c) É a velocidade de deslocamento das partículas no interior do fluido.
d) É a variação de velocidade em unidade de tempo.
e) É o arraste ou atrito interno do fluido em escoamento.

5. Se uma bomba hidráulica opera em uma pressão de 200 kg/cm^2 e o cilindro hidráulico tem área de 80 cm^2, qual é a força que o atuador pode produzir?
a) 160 kg.
b) 1.600 kg.
c) 16.000 kg.
d) 160.000 kg.
e) 16 kg.

Leituras recomendadas

BOLTON, W. *Mecatrônica:* uma abordagem multidisciplinar. 4. ed. Porto Alegre: Bookman, 2010

BONACORSO, N. G.; NOLL, V. *Automação eletropneumática*. 11. ed. São José dos Campos: Érica, 2004.

LINSINGEN, I. V. *Fundamentos de sistemas hidráulicos*. Florianópolis: UFSC, 2001.

LUGLI, A. B.; SANTOS, M. M. D. Redes industriais para automação industrial: AS-I, PROFIBUS e PROFINET. São José dos Campos: Érica, 2010.

PAVANI, S. A. *Comandos pneumáticos e hidráulicos*. 3. ed. Santa Maria: UFSM, 2010.

PRUDENTE, F. *Automação industrial:* programação e instalação. Rio de Janeiro: GEN, 2010.

REIS, M. N. E. *Fenômenos de transporte*. Belo Horizonte: PUCMinas, 2008.

STEWART, H. L. *Pneumática & hidráulica*. 4. ed. São Paulo: Hemus, 2013.

Fluidos hidráulicos

Objetivos de aprendizagem

Ao final deste texto, você deve apresentar os seguintes aprendizados:

- Reconhecer os principais fluidos hidráulicos.
- Descrever viscosidade.
- Utilizar o fluido hidráulico ideal para cada tipo de aplicação.

Introdução

Em hidráulica, a transmissão de energia fluida se dá por meio do óleo hidráulico, que é praticamente incompressível. Devido ao alto custo dos componentes hidráulicos, justifica-se a preocupação com a escolha correta do óleo hidráulico, visando ao máximo de rendimento e ao mínimo de manutenção. Sistemas hidráulicos operam em altas pressões e condições adversas e, portanto, o óleo hidráulico bem dimensionado é fundamental para o bom desempenho e a durabilidade dos equipamentos.

Neste capítulo, você vai conhecer os principais fluidos hidráulicos, os seus usos e as suas aplicações. Você vai aprender ainda sobre a viscosidade e a sua importância na hidráulica, e vai saber selecionar o fluido hidráulico mais adequado para cada aplicação.

Fluidos hidráulicos: introdução e tipos

Os fluidos hidráulicos são fundamentais para a transmissão de energia fluida, uma vez que o óleo hidráulico é praticamente incompressível (Figura 1). Como os componentes hidráulicos têm um custo elevado, a correta escolha do óleo hidráulico torna-se essencial, a fim de proporcionar o máximo de rendimento e o mínimo de manutenção. O fluido hidráulico deve satisfazer às seguintes finalidades:

- transmitir com eficiência a potência que lhe é fornecida;
- lubrificar satisfatoriamente os componentes internos do sistema;

- dissipar o calor gerado na transformação de energia;
- remover as impurezas, proteger contra corrosão, etc.

Figura 1. O fluido hidráulico é um meio condutor de energia.
Fonte: Aliaksei Husak/Shutterstock.com.

Tipos de fluidos hidráulicos

Óleo mineral

O fluido hidráulico comum é o óleo mineral, um derivado de petróleo que é obtido a partir de refino elaborado. O óleo deve ter uma série de qualidades, algumas inerentes e outras que são adicionadas (**aditivos**), de forma que seja assegurada uma boa performance ao sistema hidráulico.

Fluidos resistentes ao fogo

Em casos especiais, por questões de segurança, são utilizados fluidos resistentes ao fogo. Os mais comuns são os fosfatos de ésteres, cloridratos de hidrocarbonos, água-glicóis e água em óleo.

Esses fluidos apresentam características que os diferem do óleo mineral, as quais devem ser levadas em consideração:

- aumento do desgaste do equipamento quando da utilização de base aquosa;
- deterioração de pinturas, vedações, metais e isolantes térmicos;

- redução da viscosidade com o uso normal;
- separação da base aquosa através de partes móveis dos componentes do sistema.

Fluidos sintéticos

Exemplos de fluidos sintéticos são os fosfatos de ésteres e cloridratos de carbonos, os quais, devido às suas estruturas químicas, oferecem resistência à propagação do fogo. Eles apresentam boas características de lubrificação e resistência ao tempo de uso; no entanto, têm como inconveniente o alto custo.

Os fluidos sintéticos tendem a deteriorar os elementos elásticos e de isolamento elétrico do sistema, assim como agir como solventes para tintas. Esses fluidos requerem elementos de vedações especiais, como o Viton A e o Buna N.

Água-glicóis

As soluções de água-glicóis são encontradas geralmente na forma de mistura de 25 a 50% de água com etileno ou propileno de glicol. A resistência ao fogo se deve à presença da água; porém, com a evaporação, essa resistência decresce, e a viscosidade aumenta. Por esse motivo, recomendam-se análises constantes do fluido, para garantir que o sistema hidráulico não seja afetado.

Certos aditivos auxiliam na lubrificação e agem contra a corrosão que pode ser provocada pela evaporação da água. A temperatura de operação do fluido deve ser limitada a 50 °C, a fim de evitar a evaporação excessiva de água, o aparecimento de espuma e a evaporação de aditivos. Altas temperaturas tendem a formar compostos de maior densidade, os quais, com a redução de temperatura, não retornam à condição anterior. A vida útil desses fluido é bem menor do que a do óleo hidráulico convencional.

Emulsões em água e óleo

Esse tipo de fluido normalmente é uma solução de óleo, água (em geral a 40%) e emulsificador. É o tipo de fluido com o menor custo, entre os resistentes ao fogo. Pequenas variações no percentual de água ocasionam grandes variações na viscosidade da solução. Portanto, nesse caso também é preciso considerar algumas questões, como os efeitos da temperatura, a ação solvente dos emulsificantes e aditivos, e a qualidade da água adicionada.

Além disso, pode ser utilizado o mesmo tipo de vedação dos sistemas convencionais; todavia, o desgaste nesse caso é maior, em função da presença da água — o que resulta em menor vida útil do sistema.

Fluidos biodegradáveis

São fluidos que, em caso de vazamentos, não degradam o meio ambiente, indo ao encontro da constante preocupação com a conservação ambiental. Lubrificantes biodegradáveis normalmente são produzidos a partir do óleo vegetal; contudo, embora os óleos vegetais possam ser utilizados em sua forma natural, eles não têm uma estabilidade oxidativa elevada o suficiente para o uso seguro como um lubrificante. Como resultado de modificação química e da adição de antioxidantes, esses produtos têm sido aproveitados para estabilizar os óleos vegetais. No entanto, podem apresentar um custo mais alto para as empresas.

> **Fique atento**
>
> Na indústria, as companhias de seguro não permitem que fluidos hidráulicos minerais convencionais sejam utilizados em unidades hidráulicas em áreas expostas ao calor ou com perigo de chama ou fagulha, como em siderúrgicas, fornos, estações de solda, tratamentos térmicos, etc. Nessas condições, somente são autorizados os fluidos hidráulicos à prova de fogo (resistência à combustão).
> Em navios e máquinas agrícolas, estão sendo utilizados fluidos biodegradáveis, a fim de garantir a preservação da flora e fauna, em caso de acidentes ambientais e vazamentos — que já causaram degradações severas no passado.

Viscosidade

A viscosidade de um fluido é a medida da resistência oferecida ao escoamento, assim como a capacidade de evitar o contato "metal com metal" e efetuar a lubrificação. Quando a viscosidade aumenta, a resistência ao escoamento também aumenta. As perdas no fluxo aumentam com perda de pressão em válvulas, tubos e mangueiras; além disso, têm-se perdas pequenas por fuga e bom poder lubrificante. Quando a viscosidade diminui, ocorrem perdas pequenas no fluxo, estado favorável ao escoamento, altas perdas por fuga e redução do poder lubrificante.

Existem várias maneiras de se medir a viscosidade do óleo, por meio de diferentes viscosímetros. A mais utilizada é a Segundos Saybolt Universal (SSU). A Figura 2 ilustra o viscosímetro de Saybolt.

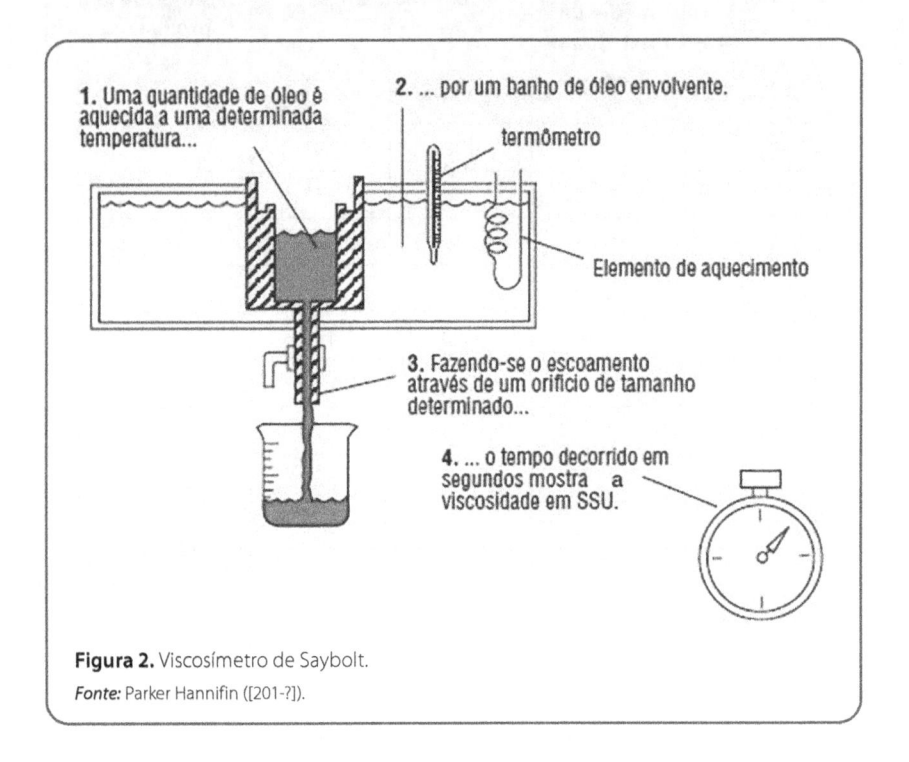

Figura 2. Viscosímetro de Saybolt.
Fonte: Parker Hannifin ([201-?]).

A medida de viscosidade SSU de um óleo é o tempo, em segundos, que 60 ml do óleo levam para escoar através de um orifício determinado, a uma temperatura constante de 38 °C (100 °F). Além do sistema SSU, existem outros, como Stoke, centistoke, graus Englert, etc. A Tabela 1 faz a conversão de unidades de medida de viscosidade.

A viscosidade de um óleo varia com a temperatura. Portanto, fica evidente que é necessário um controle adequado de temperatura, a fim de evitar que a viscosidade ultrapasse os limites mínimos e máximos determinados pelo fabricante dos componentes hidráulicos. Normalmente, os fabricantes estipulam a máxima temperatura de operação em 65 °C. Para temperaturas maiores, será necessária a utilização de trocadores de calor.

Tabela 1. Índices de viscosidade

ISO standard 3448 ASTM D-2422	Ponto médio de viscosidade cSt	Viscosidade cinemática, cSt		Equivalência aproximada SUS
		mínimo	máximo	
ISO VG 2	2,2	1,98	2,42	32
ISO VG 3	3,3	2,88	3,52	36
ISO VG 5	4,6	4,14	5,06	40
ISSO VG 7	6,8	6,12	7,48	50
ISO VG 10	10	9,00	11,0	60
ISO VG 15	15	13,5	16,5	75
ISO VG 22	22	19,8	24,2	105
ISO VG 32	32	28,8	35,2	150
ISO VG 46	46	41,4	50,6	215
ISO VG 68	68	61,2	74,8	315
ISO VG 100	100	90,0	110	465
ISO VG 150	150	135	165	700
ISO VG 220	220	198	242	1000
ISO VG 320	320	288	352	1500
ISO VG 460	460	414	506	2150
ISO VG 680	680	612	748	3150
ISO VG 1000	1000	900	1100	4650
ISO VG 1500	1500	1350	1650	7000

Fonte: Adaptado de Parker Hannifin ([201-?]).

Índice de viscosidade

O índice de viscosidade é a medida que estabelece a variação da viscosidade do óleo, de acordo com a variação de temperatura. Esse dado é importante quando o sistema hidráulico não possui um controle adequado de temperatura, ou quando está sujeito a grande variação na escala termométrica.

Antiemulsificação

Um óleo antiemulsionável é aquele que tem grande capacidade de se separar da água. O óleo hidráulico deve apresentar essa característica e não pode perdê-la com o uso.

Número de neutralização

É a medida de acidez do óleo ou, em casos mais raros, de alcalinidade. Uma alteração do número de neutralização indica a formação de substâncias prejudiciais ao sistema hidráulico, que corroem metais e atacam elementos de vedação. A maioria dos fabricantes de óleo hidráulico admitem variação de 0,5 %.

Aditivos

Para melhorar as características do óleo, são introduzidos aditivos que vão preservar o sistema hidráulico de outros tipos de ataques físico-químicos:

- **Antioxidação:** a oxidação é a reação química que ocorre entre óleo e oxigênio, produzindo ácido e borra. As temperaturas elevadas e impurezas atuam como catalisadores e aceleram essa reação.
- **Antiespumante:** quando ocorrem problemas de vedação ou falta de fluido hidráulico, há a formação de bolhas de ar, originando espuma. A formação de espuma poderá acarretar cavitação e trabalho defeituoso, já que o ar é altamente compressível. O aditivo antiespumante permite a rápida desaeração.
- **Antidesgastante:** a química moderna permite uma nova geração de fluidos. Assim, o aditivo antidesgastante permite a redução do desgaste em bombas, motores e outros equipamentos, no trabalho em condições adversas. É especialmente recomendado no trabalho de bombas de palhetas em altas rotações.
- **Detergentes:** são aditivos que dissolvem partículas em suspensão no óleo hidráulico. Esses aditivos não são recomendados em sistemas hidráulicos, pois tornam difícil a filtragem normal de impurezas.

> **Link**
>
> Leia mais sobre o assunto no texto "Fluidos e Filtros Hidráulicos: Parker" (PARKER HANNIFIN, [201-?]), disponível no link e código a seguir.
>
> https://goo.gl/LgLaZw

Seleção de fluidos hidráulicos e manutenção

O óleo utilizado deve ser sempre aquele recomendado pelo fabricante de componentes hidráulicos. Ele deve seguir normas ISO ou DIN e apresentar a viscosidade correta, para que seja assegurada uma boa performance ao sistema hidráulico. A Figura 3 apresenta um exemplo de como são expressas as informações de especificação, viscosidade, normas atendidas e demais informações de óleos hidráulicos.

Figura 3. Exemplo de especificação de óleo hidráulico, viscosidade, normas atendidas, aditivação.
Fonte: Sindicato da Indústria da Construção Pesada no Estado de Minas Gerais ([201-?]).

Procedimentos com óleos hidráulicos e contaminação

A filtragem correta é extremamente importante para os sistemas hidráulicos. Como nos motores automotivos, existem filtros que retiram as impurezas, como partículas metálicas em suspensão e outros depósitos. Periodicamente, os filtros — e o próprio fluido — devem ser trocados, de acordo com as informações do fabricante do sistema hidráulico.

Para a troca de fluido hidráulico, não existe um procedimento padrão, uma vez que este depende do ciclo de trabalho e da fixação dos aditivos. É preciso, porém, levar em conta a possibilidade de contaminação por corrosão, alcalinidade, umidade e saturação de poeira. Assim, pode-se estabelecer algumas normas, que poderão ser seguidas de acordo com diversos fatores, como:

- 1.500 a 2.000 horas para ciclos de trabalho leve sem contaminação;
- 1.000 a 1.500 horas para ciclos de trabalho leve com contaminação, ou ciclos de trabalho pesado sem contaminação;
- 500 a 1.000 horas para ciclos de trabalho pesado com contaminação.

Quando se tem um volume grande de óleo, opta-se por uma filtragem mais acurada e pela introdução de aditivos de três a quatro vezes antes de efetuar a troca. Ademais, nunca se deve misturar diferentes tipos de óleos, pois os aditivos e inibidores de um podem combinar com os de outro. Nesse processo, o óleo deverá ser armazenado em recipientes limpos, fechados, identificados e longe de poeira. No momento da troca, o óleo usado é drenado de todo o circuito, incluindo ambos os lados do cilindro, tubulações e reservatório. Se houver filtro de sucção, deve ser feita a sua retirada e limpeza. Em seguida, substitui-se o elemento do filtro de retorno. Por último, o reservatório deve ser limpo com jato de óleo diesel e seco com panos secos — nunca com estopa.

Exemplo

Uma prensa hidráulica industrial, por exemplo, trabalha normalmente em regimes de altas vazões e pressões, em ciclos pesados de trabalho. Nesse caso, utilizam-se aditivos anticorrosivos, antioxidantes e antidesgastantes, bem como um alto índice de viscosidade, para não alterar a viscosidade com as mudanças de temperatura. Nessa situação, fluidos sintéticos normalmente são mais indicados.

Exercícios

1. A resistência ao escoamento, ou o inverso da fluidez, é denominada:
   a) antiemulsificação.
   b) número de neutralização.
   c) viscosidade.
   d) aditivação.
   e) fluidez do óleo, similar aos automóveis.

2. São fluidos derivados do petróleo por meio de refino elaborado:
   a) óleos sintéticos.
   b) fluidos resistentes ao fogo.
   c) água-glicóis.
   d) emulsões de água em óleo.
   e) óleos minerais com adequada aditivação.

3. Qual é a medida que estabelece a variação da viscosidade do óleo de acordo com a variação de temperatura?
   a) Índice de viscosidade.
   b) Viscosidade.
   c) Aditivação.
   d) Antiemulsificação.
   e) Número de neutralização.

4. Como são denominadas as substâncias químicas que melhoram o desempenho dos fluidos hidráulicos?
   a) Detergentes.
   b) Aditivos.
   c) Dispersantes.
   d) Espessantes.
   e) Filtros.

5. Para o caso de um equipamento hidráulico submetido a grandes variações de temperatura, o aditivo mais importante no óleo hidráulico para bom desempenho no trabalho é:
   a) detergentes.
   b) antidesgastantes.
   c) antioxidantes.
   d) índice de viscosidade.
   e) antiespumantes.

Referências

PARKER HANNIFIN. *Fluidos e filtros hidráulicos*. Jacareí: PARKER, [201-?]. Disponível em: <https://www.parker.com/literature/Brazil/M2001_2_P_06.pdf>. Acesso em: 2 jun. 2018.

SINDICATO DA INDÚSTRIA DA CONSTRUÇÃO PESADA NO ESTADO DE MINAS GERAIS. *Oilcheck*: a peça que faltava em sua manutenção. [201-?]. Disponível em: <http://www.sicepot-mg.com.br/imagensDin/arquivos/2429.pdf>. Acesso em: 2 jun. 2018.

Leituras recomendadas

BOLTON, W. *Mecatrônica:* uma abordagem multidisciplinar. 4. ed. Porto Alegre: Bookman, 2010.

BONACORSO, N. G.; NOLL, V. *Automação eletropneumática.* 11. ed. São José dos Campos: Érica, 2004.

FIALHO, A. B. *Automação pneumática:* projetos, dimensionamento e análise de circuitos. São José dos Campos: Érica, 2003.

LINSINGEN, I. V. *Fundamentos de sistemas hidráulicos.* Florianópolis: UFSC, 2001.

LUGLI, A. B.; SANTOS, M. M. D. *Redes industriais para automação industrial*: AS-I, PROFIBUS e PROFINET. São José dos Campos: Érica, 2010.

PAVANI, S. A. *Comandos pneumáticos e hidráulicos.* 3. ed. Santa Maria: UFSM, 2010.

PRUDENTE, F. *Automação industrial:* programação e instalação. Rio de Janeiro: GEN, 2010.

STEWART, H. L. *Pneumática & hidráulica.* 4. ed. São Paulo: Hemus, 2013.

Bombas e motores hidráulicos

Objetivos de aprendizagem

Ao final deste texto, você deve apresentar os seguintes aprendizados:

- Explicar o que é uma bomba hidráulica.
- Dimensionar uma bomba hidráulica.
- Selecionar o conjunto motobomba adequado para cada aplicação.

Introdução

As bombas hidráulicas são muito importantes nos circuitos hidráulicos. São elas que bombeiam o fluido (vazão) para o funcionamento dos atuadores, como cilindros e motores hidráulicos, e para o controle de cargas com grande potência e precisão de acionamento. Os motores hidráulicos usam a vazão do fluido para a execução de trabalho.

Neste capítulo, você vai aprender os princípios de funcionamento das bombas e dos motores hidráulicos, seus usos e aplicações. Além disso, vai aprender sobre dimensionamento de bombas e motores hidráulicos, bem como saber selecionar o conjunto motobomba mais adequado para cada aplicação.

Bombas e motores hidráulicos

A bomba é responsável pela geração de vazão dentro do sistema hidráulico, sendo, portanto, responsável pelo acionamento dos atuadores. Esse equipamento é utilizado para converter energia mecânica em hidráulica (Figura 1). Já os motores hidráulicos fazem o inverso: são utilizados para converter energia hidráulica em mecânica, para acionamento de cargas.

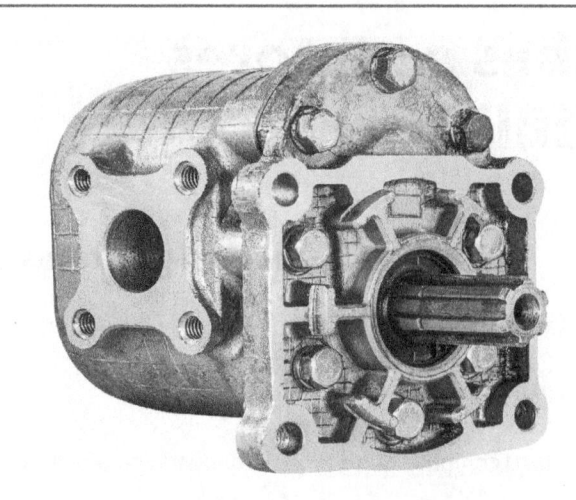

Figura 1. A bomba hidráulica transforma energia mecânica em hidráulica.
Fonte: Westermak/Shutterstock.com.

Tipos de bombas

Em sistemas óleo-hidráulicos, utilizam-se as bombas de **deslocamento positivo**, as quais geralmente são apresentadas pela sua capacidade máxima de vazão nominal e pressão a que podem resistir, a partir de determinada rotação e potência do motor. A vazão da bomba aumenta ou diminui em relação direta com a rotação fornecida. As bombas podem ser de **deslocamento fixo ou variável** — as de deslocamento variável podem variar a vazão de zero até um valor máximo.

Os tipos de bombas mais utilizadas são as manuais, de engrenagens, de palhetas e de parafusos e pistões. As bombas de vazão variável são do tipo manual, de palhetas e de pistões (radial e axial).

Fique atento

As bombas hidráulicas geram vazão, não pressão. A pressão é decorrência da restrição oferecida pelo circuito. Vamos exemplificar com o enchimento de um pneu com ar: inicialmente, a pressão é zero. À medida que o ar é bombeado, ocorre a resistência do pneu, que faz com que a pressão do manômetro aumente até o valor desejado para a aplicação. Com líquidos, funciona da mesma maneira: a tubulação hidráulica e as cargas vão oferecer restrição à passagem, resultando em pressão lida no manômetro.

Bombas manuais

São bombas acionadas pela força muscular do operador. Como exemplos, temos o macaco hidráulico e a bomba de poço — o freio dos automóveis segue o mesmo princípio. Esse princípio de funcionamento é simples: quando se movimenta a alavanca no sentido da flecha, o pistão interno ao cilindro se move da esquerda para a direita, succionando o fluído do reservatório pela entrada e impulsionando óleo de dentro do cilindro pela saída. Ao mesmo tempo, a entrada permanece fechada pela ação da mola e da pressão do óleo que está sendo impulsionado, assim como a saída também permanece fechada pela ação da mola e da pressão negativa ocasionada na sucção (e o mesmo acontece no movimento inverso).

Bombas de engrenagens

A bomba de engrenagens é uma bomba que cria determinada vazão, devido ao constante engrenamento e desengrenamento de duas ou mais rodas dentadas. A Figura 2 ilustra esse tipo de equipamento.

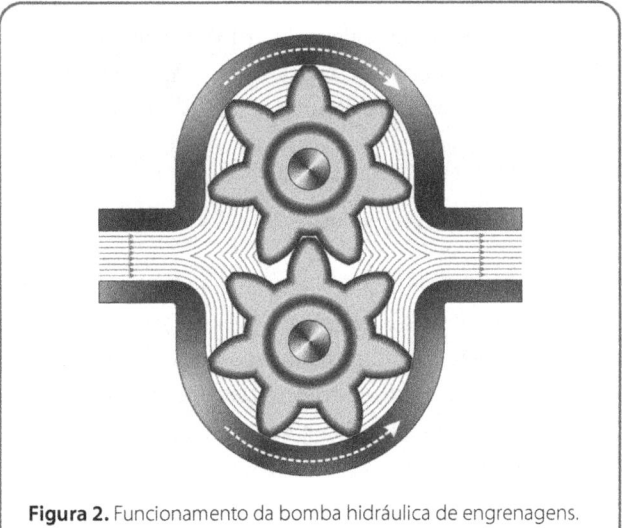

Figura 2. Funcionamento da bomba hidráulica de engrenagens.
Fonte: Fouad A. Saad/Shutterstock.com.

As duas engrenagens estão alojadas em uma carcaça, e uma delas (**engrenagem motriz**) tem um eixo passante, que transmite a potência fornecida pelo motor. A outra engrenagem que efetua o engrenamento é chamada de **conduzida** ou **movida**.

O constante desengrenamento dos dentes cria uma descompressão na câmara de sucção, fazendo com que o fluido seja succionado do reservatório e conduzido perifericamente pelos vãos das rodas, que formam uma câmara fechada com a carcaça da bomba e vedações laterais. O engrenamento constante expulsa o fluido dos vãos e a força para fora da bomba.

As tolerâncias de ajuste entre os lados das engrenagens e a carcaça, assim como a periferia e a carcaça, devem ser mínimas, a fim de reduzir qualquer tipo de vazamento, aumentando assim o seu rendimento volumétrico. As bombas de engrenagens podem ter deslocamento **unidirecional** ou **bidirecional**: nas bidirecionais, cada tomada pode fazer o papel de sucção ou pressão. As bombas de engrenagens são mais utilizadas em circuitos que requeiram baixa ou média vazão, e pressão relativamente alta (até 210 bar).

As vantagens apresentadas por esse tipo de bomba são a sua robustez, já que possuem apenas duas peças móveis, e o seu menor custo. Em contrapartida, as desvantagens são ruído excessivo no funcionamento, vazão fixa e necessidade de válvula de alívio no sistema. Esse tipo de bomba apresenta também a desvantagem de ter uma vida útil limitada, devido ao constante esforço radial contra os mancais, ocasionando rápido desgaste. Assim, as engrenagens passam a ter contato com a carcaça da bomba, danificando-a em definitivo.

Bombas de engrenagens internas

Nesse tipo de bomba, as engrenagens se movem na mesma direção, apresentando uma construção mais compacta. Dessa forma, elas fornecem uma vazão mais suave e menor ruído; porém, são mais caras, o que limita a sua aplicação. O fluído succionado é levado pelas engrenagens em volta de um anel crescente até a saída, quando é empurrado para fora com o engrenamento dos dentes do outro lado.

Bombas de parafusos

Nessas bombas, as engrenagens são substituídas por parafusos, que agem como pares engrenados. Existem muitos tipos de bombas de parafusos. A

Figura 3 ilustra uma bomba com um parafuso central motor e uma carcaça com usinagem de precisão que o aloja.

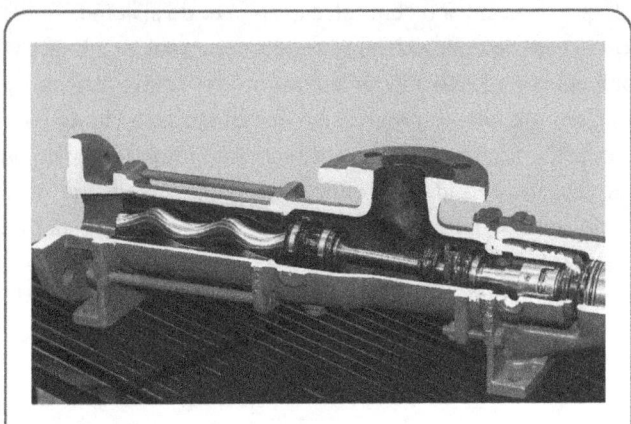

Figura 3. Bomba hidráulica de parafusos.
Fonte: Surasak_Photo/Shutterstock.com.

A bomba de parafusos é utilizada em circuitos que exigem uma vazão uniforme sem pulsações. Ela permite um número elevado de rotações, que pode chegar até 5.000 rpm, fornecendo pequenas e grandes vazões. Além disso, atinge pressões até 200 bar, apresentando baixo rendimento, devido ao atrito elevado.

A pressão que pode ser suportada pela bomba aumenta em uma associação direta com o comprimento do parafuso em relação ao passo. Em outras palavras, se você tiver duas bombas com parafusos iguais, porém com passos diferentes, você obterá maior resistência à pressão na bomba em que o passo é menor. Como a construção desse tipo de bomba é muito trabalhosa, o seu custo também é elevado.

Bombas de palhetas

Bombas de palhetas são basicamente constituídas por uma carcaça que encerra um rotor com ranhuras em geral radiais ou ligeiramente inclinadas, nas quais se encontram as palhetas. O conjunto é acionado por um eixo ligado a um motor. Esse conjunto gira dentro de um anel ou uma carcaça e forma, junto com eles e as placas laterais, uma câmara fechada.

O princípio de funcionamento é simples: o eixo imprime alta rotação ao rotor, em função da qual as palhetas tendem a se afastar do centro do rotor, pela ação da força centrífuga. Com isso, elas sempre se mantêm em contato com o anel, que é excêntrico com relação ao eixo do sistema.

Devido à excentricidade existente entre rotor e anel, as câmaras formadas por duas palhetas vão desde um número mínimo até outro máximo, após 180° de rotação. Com o aumento progressivo das câmaras, o fluido é succionado para o seu interior, assim como para os rasgos do rotor. Completando o giro, as câmaras vão diminuindo de volume, e as palhetas vão se introduzindo novamente no rotor. Como o volume desses espaços agora está diminuindo, o fluido é expelido para fora da bomba.

As bombas de palhetas podem ser balanceadas ou não, de deslocamento fixo ou variável e ainda ter ou não um sistema interno de compensação de pressão.

Bombas de pistões

As bombas de pistão geram uma ação de bombeamento, fazendo com que os pistões se alternem dentro do furo do diâmetro interno do pistão. São bombas de alto rendimento volumétrico, que podem fornecer pressões elevadas (consegue-se até 700 atm). Elas podem também ser axiais ou radiais (estacionárias ou rotativas).

Bombas de pistões axiais

A bomba de pistões axiais trabalha com pistões paralelamente ao eixo. É constituída de eixo, prato-guia e pistões e carcaça — tudo gira internamente à carcaça, menos o prato-guia. O giro do eixo provoca a rotação do bloco, que, por sua vez, arrasta os pistões consigo. O deslocamento é determinado pela distância pela qual os pistões são puxados para dentro e empurrados para fora do tambor do cilindro. Alterando o ângulo de placa, alteram-se os cursos dos pistões e o volume da bomba.

As bombas de pistão axial também podem ser construídas com pressão compensada. Além disso, é possível a reversão de fluxo dessas bombas, por meio da inclinação positiva ou negativa da placa de deslizamento. A Figura 4 ilustra uma bomba hidráulica de pistões axiais, o tipo mais usual do mercado em aplicações que demandem maiores pressões e melhor rendimento.

Figura 4. Bomba de pistões axiais em corte.
Fonte: NosorogUA/Shutterstock.com.

Bombas de pistões radiais

A ação de uma bomba de pistões radiais é muito semelhante à bomba de palhetas; entretanto, em vez de usar palhetas guiadas pelo anel, a bomba utiliza pistões. O mecanismo de bombeamento de um pistão radial consiste basicamente em um tambor de cilindro, pistões com sapatas, um anel e um bloco de válvulas. O tambor que envolve os pistões está colocado fora do centro do anel. Conforme o tambor do cilindro gira, forma-se um volume crescente dentro do tambor na primeira metade de sua rotação. Durante a outra metade, um volume decrescente é formado. O fluído entra e é descarregado da bomba através do bloco de válvula que está no centro da bomba. Esse tipo de válvula tem baixo poder de sucção e necessita de um sistema de supercarga.

Considerações sobre bombas

Alinhamento de bombas

Para o perfeito funcionamento da bomba hidráulica, uma das primeiras precauções que deve ser tomada na instalação desses equipamentos é o alinhamento na união da bomba com o motor de acionamento. O desalinhamento pode ser axial ou angular.

Quando a bomba está inclinada ou em desnível com o motor, haverá um esforço sobre o eixo, que será transmitido às partes internas girantes da bomba, ocasionando desgaste prematuro. Para corrigir pequenos desalinhamentos, utilizam-se acoplamentos flexíveis, que permitem que uma pequena faixa de erro possa ocorrer. Geralmente, os fabricantes de bombas recomendam o correto acoplamento para determinado modelo de bomba.

Cavitação

Cavitação é a formação de bolhas de ar, que implodem e "cavam" material internamente à bomba, causando uma erosão. As bolhas de ar aparecem quando se atinge a pressão de vaporização do fluido, liberando assim o gás que se encontra dissolvido nele. Em caso de cavitação, deve-se:

- verificar se o filtro de sucção está totalmente imerso no fluido ou se o respiro do reservatório não se encontra obstruído;
- verificar se a viscosidade e o fluido são os indicados pelo fabricante;
- verificar vedações de uniões no duto de sucção e o seu dimensionamento.

Qualidade do fluido

Deve-se assegurar sempre que o fluido esteja livre de impurezas, principalmente de partículas sólidas, para evitar desgaste prematuro da bomba. Para isso, deve-se utilizar boa filtragem no retorno do fluido e filtragem razoável na sucção, a fim de evitar que eventuais objetos que caiam no reservatório sejam succionados pela bomba.

Temperatura do fluido

Deve-se observar sempre a máxima temperatura do fluido recomendada pelo fabricante. Os elementos de borracha das vedações tornam-se quebradiços em choque de pressão, se o fluido atinge temperaturas elevadas e depois esfria, quando o equipamento não está sendo acionado.

Dimensionamento de bombas hidráulicas

Alguns critérios devem ser levados em conta no dimensionamento da bomba hidráulica. Em função dos atuadores do circuito hidráulico (velocidade, curso) e das válvulas, calcula-se a vazão de óleo hidráulico, para depois selecionar a bomba e o motor elétrico adequados. Os principais requisitos são vazão, pressão e custo. Alguns parâmetros também são importantes, como regulagem de pressão e vazão, regime de trabalho em cima de uma curva característica, rotação, etc. É importante consultar o fabricante para obter dados técnicos de engenharia, curvas de desempenho, características de determinado modelo de bomba e sua adequação à aplicação desejada.

> **Saiba mais**
>
> Para saber mais sobre o assunto, leia o artigo *Seleção de bombas e equipamentos para sistemas hidráulicos de jateamento de alta pressão* (BASTOS, 2014).

Seleção do conjunto motobomba adequado

Como citado anteriormente, a seleção do conjunto motobomba adequado para determinada aplicação vai depender dos atuadores e das características operacionais do sistema. Vamos exemplificar com uma aplicação de uma prensa hidráulica, que é um equipamento que desenvolve grandes forças de compactação. Ela utiliza cilindros hidráulicos de grande diâmetro e normalmente opera em altas pressões, para gerar grandes forças. A Figura 5 ilustra uma prensa industrial de porte.

Figura 5. Prensa industrial de porte.
Fonte: Nataliya Hora/Shutterstock.com.

No dimensionamento de vazão do circuito, esse cilindro hidráulico precisará de uma vazão de 50 litros por minuto de fluido hidráulico. Para que a força da prensa atinja o valor especificado, será necessária uma pressão de 500 bar. Nesse caso, as bombas hidráulicas que permitem esses níveis de pressão e vazão são as de pistões de alto rendimento volumétrico, com a vazão mínima solicitada. Esse tipo de bomba vai exigir, de acordo com as informações do fabricante, um motor elétrico com a rotação nominal necessária e a potência elétrica estabelecida em CVs.

Link

Assista ao vídeo sobre bombas hidráulicas disponível no link ou código a seguir.

https://goo.gl/dG4q6A

Exemplo

Uma prensa compactadora de latas metálicas em fardos, por exemplo, é um equipamento de menor custo. No seu dimensionamento, a questão do preço é importante, assim como menores custos de manutenção, simplicidade operacional e robustez. Na pesquisa de mercado, as bombas hidráulicas de engrenagens têm a melhor relação custo–benefício, em comparação com bombas de engrenagens, palhetas e pistões.

Exercícios

1. A bomba hidráulica gera:
   a) pressão.
   b) vazão.
   c) viscosidade.
   d) aquecimento do fluido.
   e) pressão e vazão.
2. Qual o tipo de bomba hidráulica que tem uma melhor relação custo–benefício, simplicidade operacional, facilidade de manutenção e boa vida útil?
   a) Bomba manual.
   b) Bomba de palhetas.
   c) Bomba de parafusos.
   d) Bomba de engrenagens.
   e) Bomba de pistões.

3. Qual o tipo de bomba hidráulica com o melhor rendimento volumétrico e maior eficiência, operando em pressões mais altas?
a) Bomba manual.
b) Bomba de palhetas.
c) Bomba de parafusos.
d) Bomba de engrenagens.
e) Bomba de pistões.

4. Um avião necessita de um sofisticado sistema hidráulico, robusto, confiável e com alto rendimento operacional. Qual é o tipo de bomba hidráulica utilizada em aeronaves?
a) Bomba de pistões.
b) Bomba de palhetas.
c) Bomba de parafusos.
d) Bomba de engrenagens.
e) Bomba manual.

5. Como é denominada a formação de bolhas de ar que implodem e "cavam" material internamente à bomba, causando erosão?
a) Superaquecimento.
b) Cavitação.
c) Viscosidade.
d) Vedação.
e) Engripamento.

Referências

BASTOS, P. A. *Seleção de bomba e equipamentos para sistema hidráulico de unidade de jateamento de alta pressão*. 2014. 71 f. Monografia (Graduação em Engenharia) - Universidade Federal do Rio de Janeiro, Escola Politécnica, Rio de Janeiro, 2014. Disponível em: <http://monografias.poli.ufrj.br/monografias/monopoli10012562.pdf>. Acesso em: 2 jun. 2018.

BOLTON, W. *Mecatrônica:* uma abordagem multidisciplinar. 4. ed. Porto Alegre: Bookman, 2010

BONACORSO, N. G.; NOLL, V. *Automação eletropneumática*. 11. ed. São José dos Campos: Érica, 2004.

COELHO, T. Bombas Hidráulicas – ETRR. In: *Youtube,* 11 dez. 2009. Disponível em: <https://www.youtube.com/watch?v=7BUZgPA3ggQ>. Acesso em: 2 jun. 2018.

FIALHO, A. B. *Automação pneumática:* projetos, dimensionamento e análise de circuitos. São José dos Campos: Érica, 2003.

LINSINGEN, I. V. *Fundamentos de sistemas hidráulicos*. Florianópolis: UFSC, 2001.

LUGLI, A. B.; SANTOS, M. M. D. *Redes industriais para automação industrial*: AS-I, PROFIBUS e PROFINET. São José dos Campos: Érica, 2010.

PAVANI, S. A. *Comandos pneumáticos e hidráulicos*. 3. ed. Santa Maria: UFSM, 2010.

PRUDENTE, F. *Automação industrial*: programação e instalação. Rio de Janeiro: GEN, 2010.

STEWART, H. L. *Pneumática & hidráulica*. 4. ed. São Paulo: Hemus, 2013.

Válvulas de controle hidráulico

Objetivos de aprendizagem

Ao final deste texto, você deve apresentar os seguintes aprendizados:

- Identificar os principais tipos de válvulas de controle hidráulico.
- Explicar como são fabricadas as válvulas de controle hidráulico.
- Reconhecer válvulas de controle hidráulico a partir de catálogos de fornecedores.

Introdução

Potência não é nada sem controle. A hidráulica utiliza a energia fluida do óleo hidráulico para controlar os atuadores, como cilindros e motores. Entretanto, é fundamental controlar essa potência nos parâmetros de pressão e vazão máxima, sentido de fluxo, condições de bloqueio e segurança operacional. As válvulas hidráulicas se dividem em direcionais, de controle de pressão, vazão e bloqueio.

Neste capítulo, você vai conhecer os principais tipos de válvulas de controle hidráulico (direcionais, de pressão, vazão e bloqueio). Ainda, você vai saber como são fabricadas e também aprender a selecionar as válvulas de controle hidráulico a partir dos catálogos de fornecedores.

Principais tipos de válvulas

Válvulas direcionais

Os sistemas hidráulicos necessitam de meios para controlar a direção e o sentido de fluxo do fluido hidráulico. Por meio desse controle, é possível obter movimentos desejados dos atuadores (cilindros, motores, osciladores hidráulicos), de modo a realizar o trabalho exigido. As válvulas direcionais

(Figura 1) classificam-se em válvula de retenção (simples ou pilotada) e válvulas direcionais do tipo carretel deslizante e rotativo.

Figura 1. Válvula direcional em um comando hidráulico múltiplo.
Fonte: Surasak_Photo/Shutterstock.com.

Válvulas de retenção simples

A função desse tipo de válvula em um sistema óleo-hidráulico é permitir o fluxo livre de fluido em um sentido (no sentido de afastar o pistão ou a esfera de sua sede) e impedir o fluxo no sentido contrário. A Figura 2 ilustra a válvula de retenção simples.

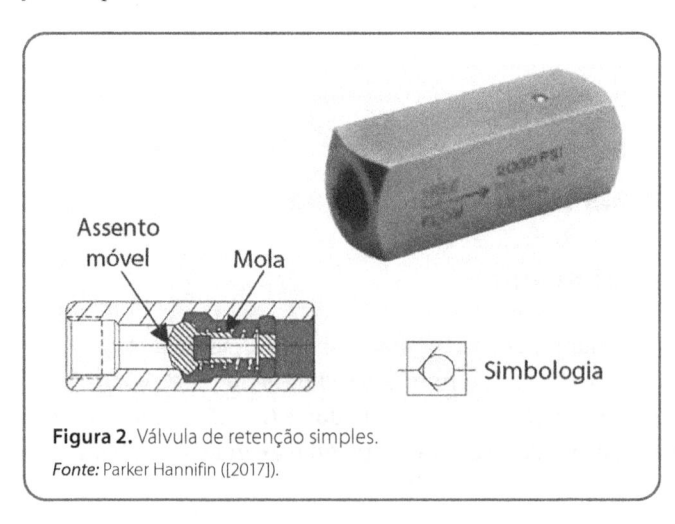

Figura 2. Válvula de retenção simples.
Fonte: Parker Hannifin ([2017]).

As válvulas de retenção simples são basicamente constituídas por um corpo e um pistão ou uma esfera, mantidos contra uma sede no interior do corpo pela ação de uma mola. Ainda, essas válvulas apresentam boas características de vedação: o aumento de pressão empurra mais o pistão ou a esfera contra a sede, aumentando a vedação.

Existem duas aplicações típicas para esse tipo de válvula: proteger determinado componente do sistema e funcionar como *by-pass* (passagem em paralelo) em torno de componentes destinados a causar algum efeito de controle no sistema.

Fique atento

As válvulas de retenção também são muito usadas em residências e na construção civil, em aplicações de bombeamento. A válvula de retenção é um dispositivo que tem como objetivo proteger o sistema hidráulico do refluxo de água, quando as bombas apresentam paradas. Também são importantes para a manutenção da coluna de água durante uma parada.

A válvula de retenção não foi projetada para o controle de fluxo, mas sim para gerar o mínimo de perda de carga. Assim, é necessária uma pressão mínima para que ela seja acionada, uma vez que o seu acionamento é feito pelo próprio fluxo.

Válvula de retenção pilotada

Em um sistema hidráulico, há casos em que se deseja que o fluxo seja livre em um sentido e impedido no outro até determinada parte do ciclo de trabalho, e um fluxo livre a partir desse ponto. A válvula de retenção pilotada permite o controle da retenção via pressão piloto, assegurada por outro componente hidráulico.

A válvula de retenção pilotada é constituída por um pistão, que se mantém assentado em uma sede por efeito de uma mola, e um pistão piloto. O fluido vindo no sentido de fluxo livre afasta o pistão de sua sede e passa livremente — semelhante a uma válvula de retenção simples. A retenção pilotada impede o retorno do fluido que se dirigiu àquele atuador, devido ao reassentamento do pistão na sede. Quando se aplica pressão hidráulica sobre o pistão piloto que empurra o pistão, há o afastamento da sede, permitindo a passagem de fluido.

Válvula direcional de carretel deslizante

Nessas válvulas, uma peça cilíndrica com diversos rebaixos (carretel) desloca-se dentro de um corpo, no qual são usinados diversos furos, por onde entra e sai o fluido. Os rebaixos existentes no carretel são utilizados para intercomunicar as diversas tomadas de fluido do corpo, determinando a direção do fluxo.

Posições de uma válvula direcional

De acordo com o tipo de construção, a válvula direcional pode assumir duas, três ou mais posições. Em essência, a válvula terá o número de posições que o carretel puder assumir, modificando a direção e o sentido do fluxo de fluido.

Vias de uma válvula direcional

O número de vias é contado a partir do número de tomadas para o fluido que a válvula possui. Na simbologia gráfica, deve-se observar sempre a seguinte regra: o número de vias deve ser igual em cada posição, e deve existir uma correspondência lógica entre elas. A Figura 3 ilustra a representação gráfica das vias.

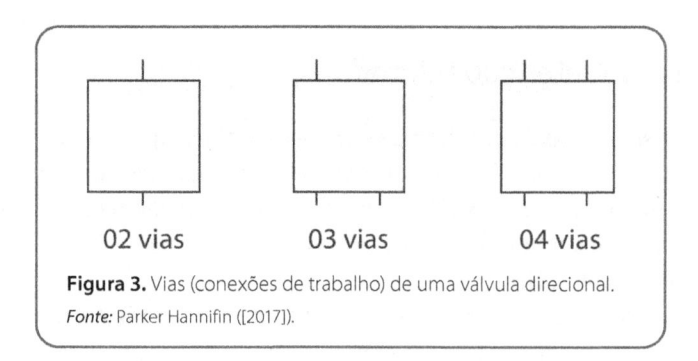

Figura 3. Vias (conexões de trabalho) de uma válvula direcional.
Fonte: Parker Hannifin ([2017]).

A Figura 4 ilustra como são denominadas e identificadas as vias de uma válvula direcional. As setas orientam o fluxo.

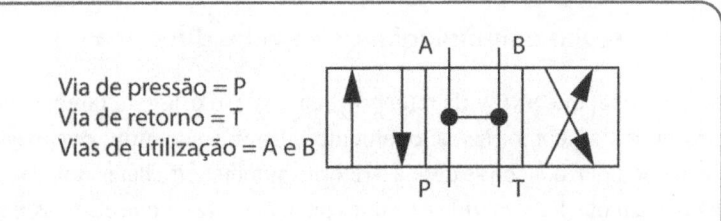

Via de pressão = P
Via de retorno = T
Vias de utilização = A e B

Figura 4. Identificação de vias de válvula direcional – quatro vias e três posições.
Fonte: Parker Hannifin ([2017]).

Acionamentos de válvulas direcionais

Existem diversas maneiras de se acionar o carretel de uma válvula direcional. Entre as mais utilizadas, podemos citar o comando manual (botão, alavanca, pedal), mecânico (pino, rolete, came), elétrico (solenoide) ou por pressão (piloto). A Figura 5 ilustra os meios de acionamento de válvulas direcionais.

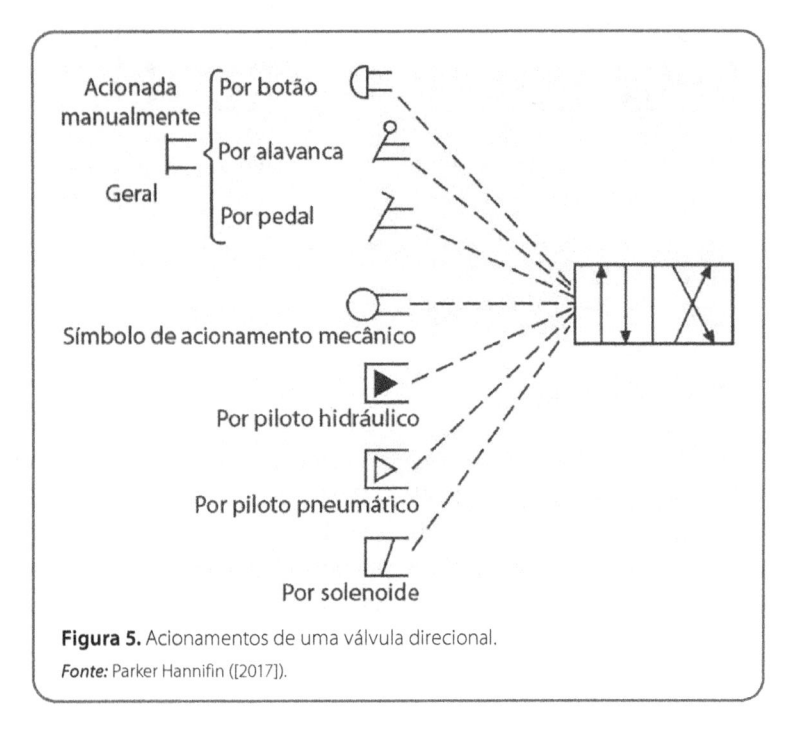

Figura 5. Acionamentos de uma válvula direcional.
Fonte: Parker Hannifin ([2017]).

Retornos, molas e simbologias de válvulas direcionais

Para fazer com que a válvula retorne à sua posição original, também existem vários meios — como nos acionamentos. É muito comum, por exemplo, o retorno por mola: quando se deseja o retorno automático a determinada posição, utiliza-se a mola. Se a válvula é de duas posições, diz-se que ela possui retorno por mola; se for de três posições, diz-se que é centrada por mola.

Tipos de centros de válvulas

As válvulas de três posições possuem uma posição central, a qual pode ter diversos tipos de configurações, que são determinadas a partir da construção do carretel. De acordo com as características e necessidades do projeto do circuito, aplica-se o centro ideal para o caso específico. A Figura 6 ilustra alguns centros de válvulas disponíveis no mercado.

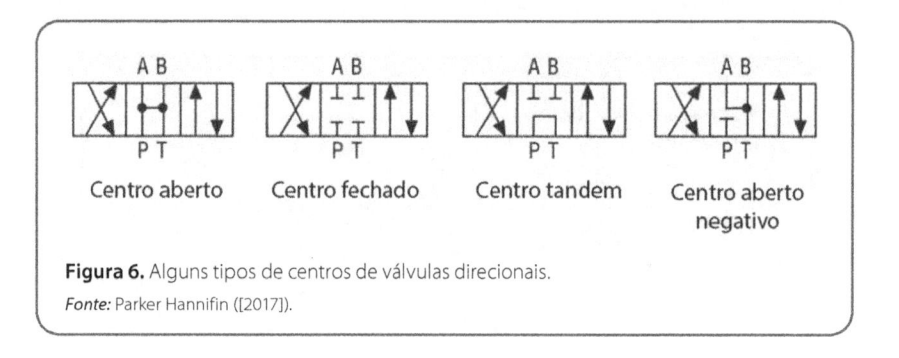

Figura 6. Alguns tipos de centros de válvulas direcionais.
Fonte: Parker Hannifin ([2017]).

Válvulas solenoides

As necessidades de automação exigem o acionamento elétrico de válvulas hidráulicas. Nesse sentido, as válvulas solenoides permitem o acionamento com um nível de tensão contínua ou alternada. Essa válvula é composta por um induzido, uma bobina e a carcaça: quando a bobina é alimentada com a tensão, a força magnética desloca o carretel, fazendo o acionamento da válvula. A Figura 7 ilustra uma válvula direcional acionada por solenoide (avanço e retorno — duplo solenoide).

Figura 7. Válvula direcional duplo solenoide para acionamento e retorno.
Fonte: Emel82/Shutterstock.com.

Exemplo de um circuito hidráulico com válvula direcional

Para ilustrar a válvula direcional em uma aplicação prática, veja na Figura 8 um circuito hidráulico simples com uma válvula direcional de quatro vias e duas posições. Esse tipo de circuito não permite paradas intermediárias do atuador (o cilindro hidráulico): ou o cilindro estende todo, ou recua todo. Para que seja possível a parada em qualquer posição, é necessária uma válvula direcional de três posições. Na posição de centro, o cilindro pode ser bloqueado.

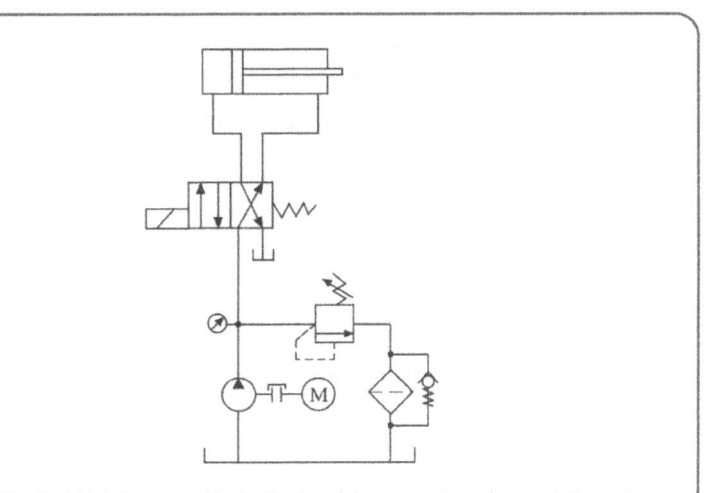

Figura 8. Circuito hidráulico com válvula direcional de quatro vias e duas posições: acionamento por solenoide e retorno por mola (o cilindro não para em posições intermediárias).
Fonte: Parker Hannifin ([2017]).

Válvulas reguladoras de pressão

As válvulas reguladoras de pressão têm por função básica limitar ou determinar a pressão do sistema hidráulico, a fim de obter determinada função do equipamento acionado. Elas podem ter várias funções em um sistema hidráulico.

Funções das válvulas reguladoras de pressão

Limitar a pressão máxima do sistema

Todos os sistemas que possuem uma bomba de deslocamento fixo necessitam de uma válvula de segurança. Quando, por exemplo, uma bomba envia fluido para o cilindro, e este chega ao fim de curso, ocorre um aumento repentino de pressão no sistema, a um nível perigoso. Nesse tipo de circuito, então, vê-se que a limitação de pressão por meio de uma válvula reguladora de pressão é decisiva. Já nos circuitos em que existe uma bomba de volume variável com compensação de pressão (bomba de palhetas), dispensa-se a utilização da válvula reguladora de pressão.

Determinar um nível de pressão de trabalho

Em alguns sistemas, o alívio é um mero fator de segurança; em outros, é componente de controle do trabalho. Nesse caso, a válvula reguladora de pressão mantém a pressão do sistema em um nível uniforme, às vezes desviando para um tanque parte do fluido fornecido pela bomba, durante determinados momentos do ciclo de trabalho. Essa válvula controla a força ou o torque máximo dos atuadores, assegurando a integridade do equipamento ou da peça a ser trabalhada.

Determinar níveis diferentes de pressão

Alguns sistemas necessitam de pressões mais elevadas em determinadas partes do ciclo de trabalho e inferiores em outras. Isso pode ser previsto com a utilização das válvulas reguladoras de pressão.

Descarregar a bomba

Alguns circuitos às vezes não necessitam de toda a potência fornecida em determinadas fases do ciclo. A potência em excesso geralmente se transforma em calor, aquecendo o fluido. Uma válvula reguladora de pressão ajustada de forma conveniente evita que isso ocorra.

Tipos de válvulas reguladoras de pressão

Os dispositivos de controle de pressão conhecidos podem ser válvulas de alívio e segurança, descarga, contrabalanço, sequência, redutoras de pressão e supressoras de choque. Vamos abordar as mais utilizadas: alívio e segurança, descarga e sequência.

Válvula de alívio e segurança

Tem duas funções num circuito hidráulico: limitar a pressão no circuito (ou em parte dele) a um nível pré-selecionado e proteger de sobrecargas o sistema e os diversos equipamentos que o compõem. Constitui-se basicamente de um corpo contendo duas aberturas, sendo uma de entrada de fluido sob pressão e outra de saída para o reservatório. A Figura 9 ilustra essa válvula.

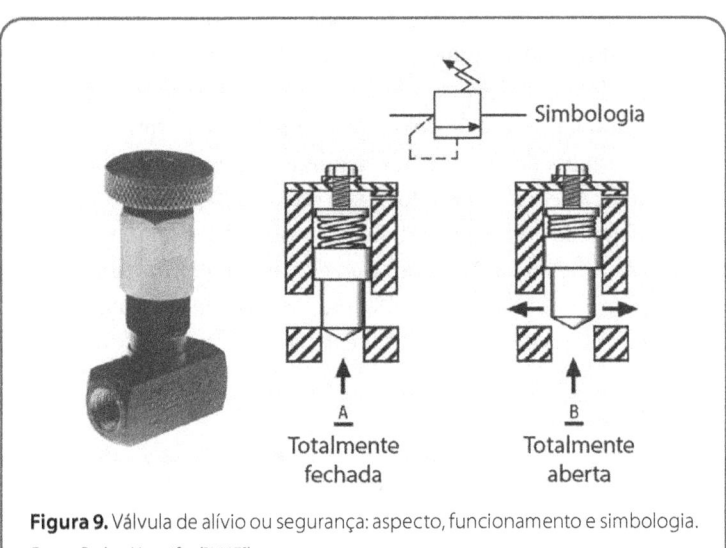

Figura 9. Válvula de alívio ou segurança: aspecto, funcionamento e simbologia.
Fonte: Parker Hannifin ([2017]).

Válvula de descarga

Válvula de descarga simplesmente é uma válvula de alívio de piloto externo. São válvulas reguladoras de pressão normalmente utilizadas em circuitos de alta e baixa pressão (bombas em paralelo).

Válvula de sequência

A válvula de sequência é idêntica às válvulas abordadas anteriormente, com as seguintes diferenças: em vez de ter descarga para um tanque, tem-se a saída para um circuito secundário (dreno externo), já que não se pode drenar a câmara da válvula de controle para uma linha de pressão. A sua função básica é alimentar um circuito ou componente quando a pressão atinge determinado valor. A válvula de sequência pode ser controlada direta ou remotamente (piloto interno ou externo), de acordo com o tipo de sistema em uso.

Válvulas de controle de vazão

Como já foi abordado anteriormente, pode-se controlar a força ou o torque exercido por um atuador por meio do controle do nível de pressão do sistema, com uma válvula reguladora de pressão. Porém, além da força ou do torque, precisamos também regular a velocidade com que determinado trabalho é realizado, de forma a obter o melhor rendimento possível do sistema.

Uma maneira de controlar a velocidade dos atuadores é utilizando válvulas reguladoras de vazão (também denominadas válvulas reguladoras de fluxo ou válvulas de controle de vazão). Esse tipo de válvula permite uma regulagem simples e rápida da velocidade do atuador, por meio da limitação da vazão de fluido que entra ou sai dele, modificando assim a velocidade de deslocamento.

Princípio de funcionamento

A vazão de um fluido que passa através de um orifício — fixo ou variável — é proporcional ao diferencial de pressão através do orifício. Essa proporção indica que a vazão cresce com a raiz quadrada do diferencial de pressão (a curva é uma parábola).

Para um mesmo orifício, quanto maior for o diferencial de pressão, maior será a vazão. Em uma válvula reguladora de vazão, a área do orifício é o elemento controlável. Quanto maior for o orifício, maior será a quantidade de fluido que passará por unidade de tempo, para determinado diferencial de pressão através do orifício.

O fluxo do fluido também é inversamente proporcional à viscosidade cinemática do fluido utilizado, isto é, quanto menos viscoso for o fluido, maior será a vazão para um mesmo orifício e um mesmo diferencial de pressão. A variação de temperatura influi na alteração da viscosidade de um fluido; logo, variando a temperatura, pode-se variar a vazão.

As válvulas mais utilizadas são as de vazão bidirecional e unidirecional, que têm uma válvula de retenção incorporada, permitindo a vazão restringida em um sentido e livre em outro. As Figuras 10 e 11 mostram as válvulas reguladoras bidirecional e unidirecional.

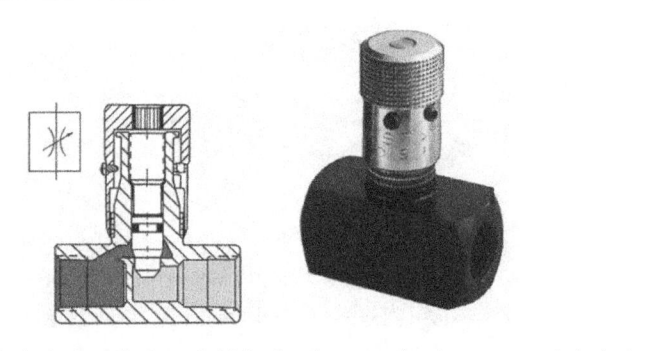

Figura 10. Válvula de controle de vazão bidirecional: aspecto, funcionamento e simbologia.
Fonte: Parker Hannifin ([2017]).

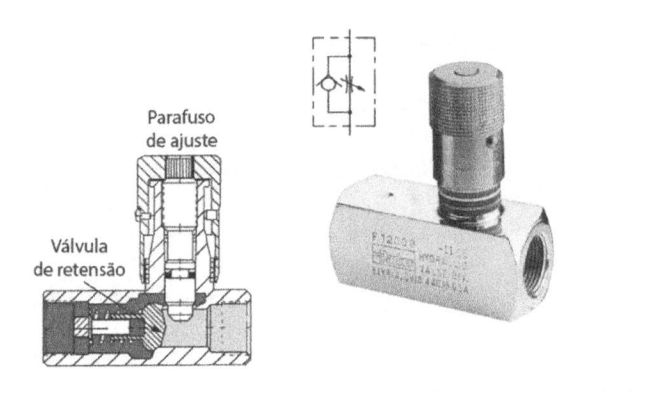

Figura 11. Válvula de controle de vazão unidirecional: aspecto, funcionamento e simbologia.
Fonte: Parker Hannifin ([2017]).

Como são fabricadas as válvulas de controle hidráulico?

As válvulas de controle hidráulico operam em altas pressões, podendo ultrapassar 500 bar. Nesse sentido, são robustas, usinadas em aço carbono e com vedações de anéis do tipo *O-ring*.

São fabricadas em carretel cilíndrico deslizante ou carretel rotativo, que gira dentro de uma cavidade cilíndrica no corpo da válvula, ocupando diversas posições e intercomunicando as diversas tomadas da válvula. A Figura 12 ilustra válvulas de carretel cilíndrico e rotativo, que são as mais usuais.

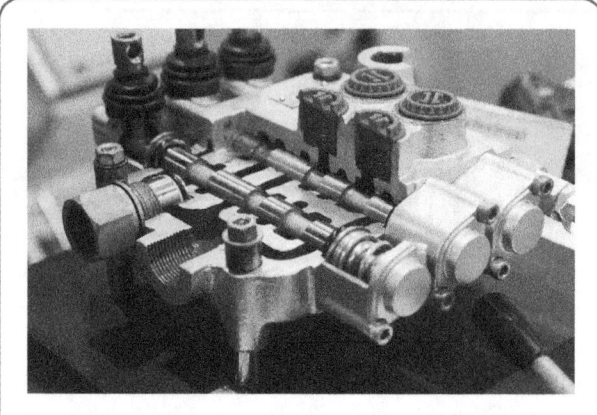

Figura 12. Válvula direcional fabricada em carretel cilíndrico.
Fonte: Mr.1/Shutterstock.com.

Link

Para estudar mais, leia o *Manual de consulta: hidráulica*, disponível no link e código a seguir.

https://goo.gl/STuhAb

Seleção de válvulas de controle hidráulico a partir de catálogos de fornecedores

A seleção de válvulas de controle hidráulico é feita de acordo com os parâmetros operacionais do circuito, como pressão e vazão demandadas pelos atuadores. Determinada a vazão, você deverá selecionar válvulas com vazões e pressões superiores à real demanda do circuito.

No caso de válvulas direcionais, é necessário definir o número de posições e vias, o tipo de acionamento e retorno, assim como a vazão que a válvula permite, sem perdas de carga. No caso de válvulas de pressão e vazão, estas devem permitir as vazões e pressões do circuito.

Saiba mais

As unidades hidráulicas compactas são comercializadas em configurações modulares, contendo um pequeno reservatório e uma bomba hidráulica acoplada a um motor CA ou CC (para uso veicular). São usadas em aplicações leves, como elevadores, pequenas prensas, guindastes veiculares, plataformas de docas. A válvula reguladora de pressão vem incluída na unidade. A válvula direcional deve ser dimensionada de acordo com a aplicação, normalmente em quatro vias. Se o atuador não exigir paradas intermediárias, usa-se uma válvula de duas posições. Se forem necessárias paradas intermediárias, é preciso instalar uma válvula de três posições. O acionamento pode ser elétrico (solenoide) ou manual (botão, alavanca).

Exercícios

1. O componente hidráulico que tem a finalidade de regular a máxima pressão de trabalho do circuito é a:
   a) válvula de controle de vazão unidirecional.
   b) válvula de sequência.
   c) válvula de controle de vazão bidirecional.
   d) válvula de retenção.
   e) válvula de alívio ou segurança.
2. A válvula que permite fluxo livre de fluido em um sentido (no sentido de afastar o pistão ou a esfera de sua sede) e impede o fluxo no sentido contrário é a:
   a) válvula direcional de duas vias e duas posições.
   b) válvula de alívio ou segurança.
   c) válvula de retenção simples.
   d) válvula de sequência.
   e) válvula de controle de vazão bidirecional.

3. Para o acionamento simples de um cilindro hidráulico sem paradas intermediárias, são usadas válvulas direcionais do tipo:
a) duas vias e duas posições.
b) três vias e duas posições.
c) quatro vias e duas posições.
d) quatro vias e três posições.
e) cinco vias e duas posições.

4. Para o acionamento simples de um cilindro hidráulico com paradas intermediárias, são usadas válvulas direcionais do tipo:
a) duas vias e duas posições.
b) três vias e duas posições.
c) quatro vias e duas posições.
d) cinco vias e duas posições.
e) quatro vias e três posições.

5. A válvula que permite definir um nível de pressão para o acionamento de uma carga, como um cilindro hidráulico, é a:
a) válvula de sequência.
b) válvula de alívio ou segurança.
c) válvula de controle de vazão bidirecional.
d) válvula de retenção.
e) válvula de retenção pilotada.

Referência

PARKER HANNIFIN. *Tecnologia hidráulica industrial:* apostila M2001-2 BR. Jacareí: PARKER, [2017].

Leituras recomendadas

BOLTON, W. *Mecatrônica:* uma abordagem multidisciplinar. 4. ed. Porto Alegre: Bookman, 2010

BONACORSO, N. G.; NOLL, V. *Automação eletropneumática*. 11. ed. São José dos Campos: Érica, 2004.

FIALHO, A. B. *Automação pneumática:* projetos, dimensionamento e análise de circuitos. São José dos Campos: Érica, 2003.

LINSINGEN, I. V. *Fundamentos de sistemas hidráulicos*. Florianópolis: UFSC, 2001.

LUGLI, A. B.; SANTOS, M. M. D. *Redes industriais para automação industrial*: AS-I, PROFIBUS e PROFINET. São José dos Campos: Érica, 2010.

PAVANI, S. A. *Comandos pneumáticos e hidráulicos*. 3. ed. Santa Maria: UFSM, 2010.

PEDROSA, L. D. *Hidráulica:* manual de consulta. Itajaí: Fluipress, 2006.

PRUDENTE, F. *Automação industrial:* programação e instalação. Rio de Janeiro: GEN, 2010.

STEWART, H. L. *Pneumática & hidráulica*. 4. ed. São Paulo: Hemus, 2013.

Elementos hidráulicos de potência

Objetivos de aprendizagem

Ao final deste texto, você deve apresentar os seguintes aprendizados:

- Identificar os elementos hidráulicos de potência.
- Reconhecer as características mínimas de um elemento hidráulico de potência.
- Selecionar uma unidade hidráulica de potência de acordo com a aplicação.

Introdução

Em circuitos hidráulicos é necessário converter a energia hidráulica gerada pela bomba em energia mecânica para a execução do trabalho. Os atuadores hidráulicos podem ser cilindros (lineares), motores (angulares) e oscilador (angular).

Neste capítulo, você vai estudar os atuadores hidráulicos de potência, vai identificar seus elementos e características, além de aprender a selecionar uma unidade hidráulica de potência adequada para a aplicação.

Elementos hidráulicos de potência

Em circuitos hidráulicos, é necessário converter a energia hidráulica gerada pela bomba em energia mecânica para a execução de trabalho. Os atuadores hidráulicos podem ser cilindros (lineares), motores (angulares) e oscilador (angular). A Figura 1 ilustra um exemplo de uso de um atuador hidráulico do tipo cilindro.

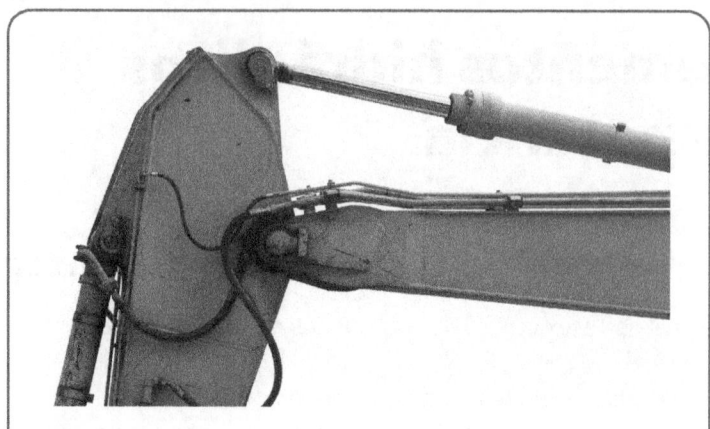

Figura 1. Cilindro hidráulico de dupla ação em retroescavadeira.
Fonte: Kaspri/Shutterstock.com.

Cilindros hidráulicos

Um cilindro hidráulico é um atuador linear que transforma energia fluida em mecânica, sendo muito utilizado em circuitos hidráulicos. É composto de diversas partes, que estão ilustradas na Figura 2.

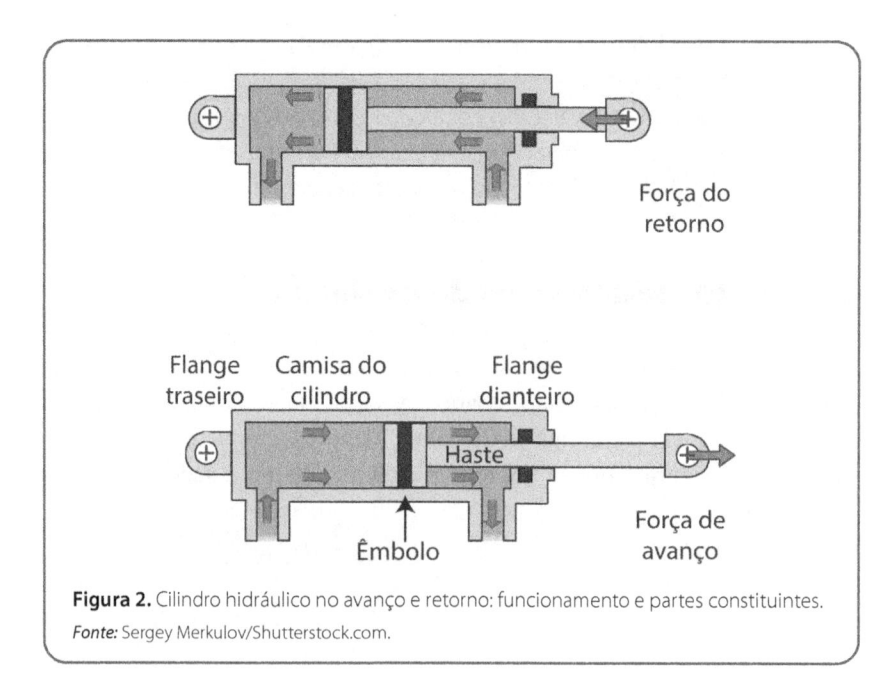

Figura 2. Cilindro hidráulico no avanço e retorno: funcionamento e partes constituintes.
Fonte: Sergey Merkulov/Shutterstock.com.

> **Saiba mais**
>
> Uma das maiores vantagens da hidráulica é a alta potência dos atuadores, devido às altas pressões que as bombas hidráulicas atingem, podendo ultrapassar 300 atmosferas. São também compactos para o nível de energia envolvido: um cilindro de 100 mm de diâmetro, em uma pressão de 210 bar, suporta cargas de 17 toneladas, em um tamanho compacto!

Tipos de cilindros hidráulicos

Entre os diversos tipos de cilindros, destacam-se o de simples ação (ou simples efeito) e o de dupla ação. Há ainda outros tipos, que são detalhes construtivos dos anteriores, como o cilindro de haste dupla (passante), o telescópio, o tandem, etc. A Figura 3 ilustra os tipos mais comuns de cilindros hidráulicos.

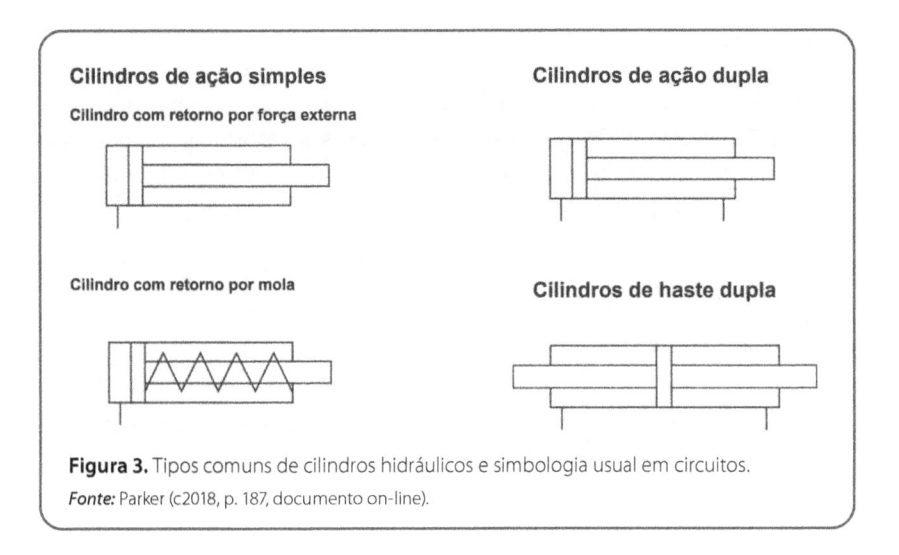

Cilindros de ação simples

Cilindro com retorno por força externa

Cilindro com retorno por mola

Cilindros de ação dupla

Cilindros de haste dupla

Figura 3. Tipos comuns de cilindros hidráulicos e simbologia usual em circuitos.
Fonte: Parker (c2018, p. 187, documento on-line).

Cilindro de simples ação

Esses cilindros recebem essa denominação porque, em um sentido, o seu movimento ocorre por efeito de pressão ou vazão, enquanto no outro, por outro agente qualquer que não o fluido hidráulico, como o peso próprio ou mola.

Nos cilindros de simples ação, tem-se uma entrada de fluido sob pressão que efetua o movimento (avanço ou retorno, dependendo do tipo de cilindro). Na outra extremidade, do lado da mola, existe um respiro na câmara para livre circulação de ar. Na realidade, a mola exerce uma reação contrária ao movimento. Em alguns casos, o retorno é feito por ação da gravidade.

Cilindro de dupla ação

É o atuador mais utilizado em circuitos hidráulicos. O movimento do pistão é feito por meio da entrada do fluido em qualquer uma das tomadas a determinada vazão ou pressão.

Nota-se que, nesse tipo de cilindro, a força é maior no avanço do que no retorno. Isso se explica porque a área molhada no avanço é a área do êmbolo; já no retorno, a área molhada é menor devido à haste. Do mesmo modo, a velocidade de retorno é maior, uma vez que o fluido preenche a câmara em menos tempo.

Cilindro de haste dupla

Nesse caso, a haste é passante, podendo efetuar trabalho útil dos dois lados. É utilizado quando se desejam as mesmas forças e velocidades, a determinada pressão e vazão. Um exemplo de aplicação desse cilindro é na direção hidráulica de caminhões.

Cilindro telescópico

Em alguns casos, é necessário fazer com que o curso do cilindro seja grande e ocupe o menor espaço possível na retração. Para isso, utiliza-se o cilindro telescópico, principalmente em guindastes hidráulicos e outros equipamentos da linha mobil. A Figura 4 ilustra os cilindros telescópicos de simples e dupla ação.

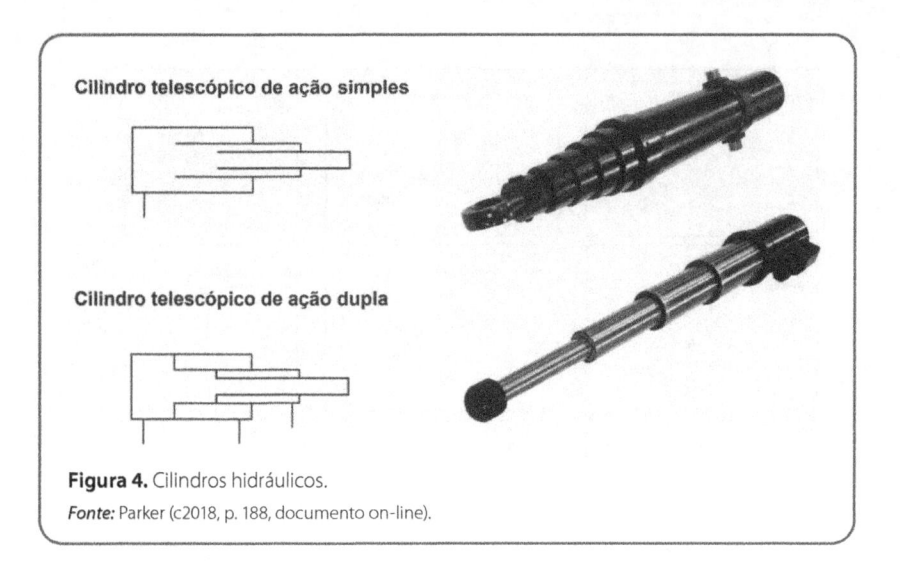

Figura 4. Cilindros hidráulicos.
Fonte: Parker (c2018, p. 188, documento on-line).

Aplicações de cilindros hidráulicos

A utilização de um cilindro hidráulico é bastante variada. No maquinário, pode-se encontrá-lo acionando prensas, guilhotinas, injetoras, sopradoras, extrusoras, máquinas operatrizes em geral, calandras, acionamento de fornos, guindastes, escavadeiras e uma infinidade de outros equipamentos.

Montagens de cilindros hidráulicos

Existem diversas maneiras de fixar o cilindro. No entanto, é importante que a fixação seja perfeita, de modo a poder aproveitar toda a energia fornecida pelo equipamento e, ao mesmo tempo, evitar danos. O fabricante de cilindro hidráulicos possui opções de montagem por flanges, aletas, tirantes, pivôs, etc. A Figura 5 ilustra as montagens de cilindros hidráulicos.

Figura 5. Montagens de cilindros hidráulicos.
Fonte: Parker (c2018, p. 183-184, documento on-line).

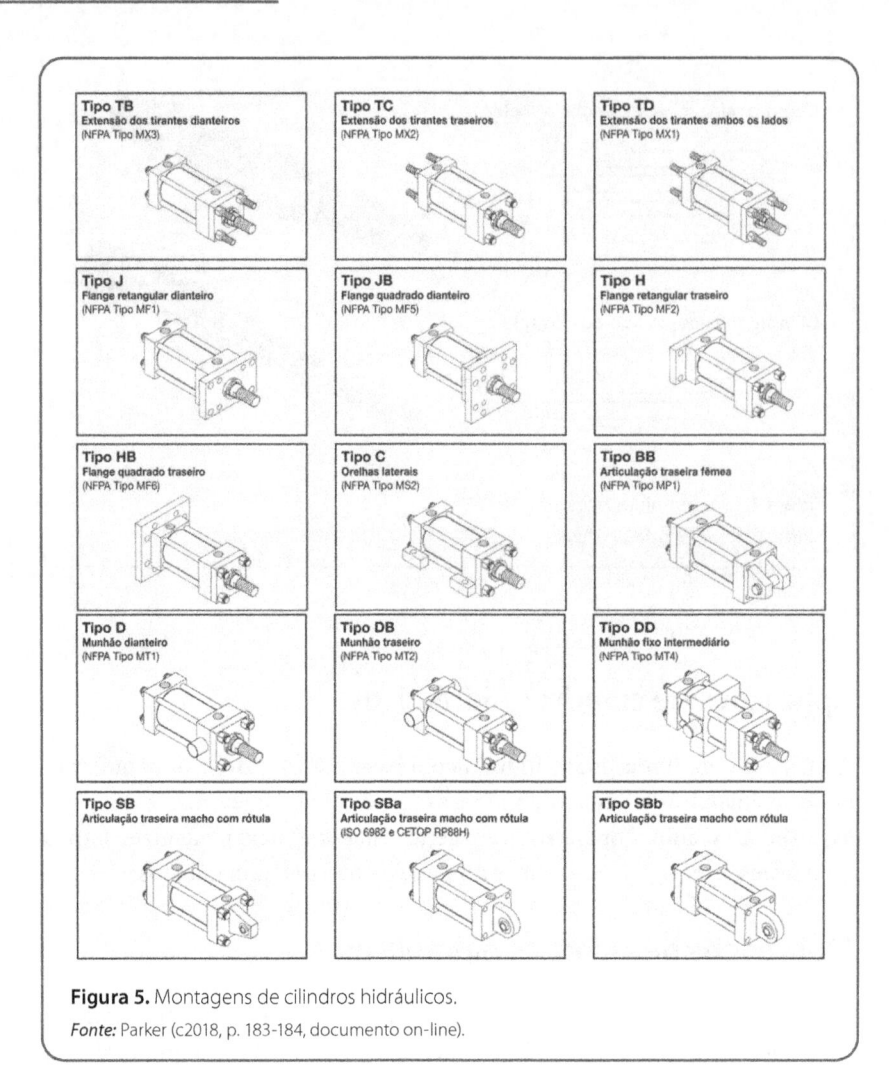

Forças exercidas por cilindros hidráulicos

A força é definida pela expressão $F = p \times A$, ou seja, é definida pelo produto da pressão pela área. Desse modo, a força exercida pelo atuador depende dessas duas variáveis. O catálogo do fabricante de cilindros hidráulicos fornece dados de força de cilindro em função da pressão do óleo e do diâmetro do cilindro. A Tabela 1 ilustra essas forças.

Tabela 1. Forças exercidas por cilindros hidráulicos, dados diâmetro e pressão

Diâmetro do cilindro mm (pol)	Área do pistão cm²	Força de avanço em newtons a várias pressões						
		5 bar N	10 bar N	25 bar N	70 bar N	100 bar N	140 bar N	210 bar N
38,1 (1 ½)	11,4	570	1140	2850	8000	11400	16000	24000
50,8 (2)	20,2	1000	2000	5050	14100	20200	28300	42500
63,5 (2 ½)	31,7	1580	3150	7900	22200	31700	44400	66600
82,6 (3 ¼)	53,6	2680	5350	13400	37500	53500	75000	112500
101,6 (4)	81,1	4050	8100	20250	56800	81100	113500	170000
127,0 (5)	126,7	6350	12700	31600	88500	126700	177000	266000
152,4 (6)	182,4	9100	18250	45500	127800	182500	255000	383000

Fonte: Adaptado de Parker (c2018, p. 192, documento on-line).

Motores hidráulicos

A energia hidráulica fornecida para um motor hidráulico é convertida em mecânica sob a forma de torque e rotação. Do ponto de vista construtivo, o motor assemelha-se a uma bomba, excetuando-se a aplicação, que é inversa. Em alguns casos, um equipamento pode trabalhar ora como bomba, ora como motor hidráulico. Os motores hidráulicos, ilustrados na Figura 6, podem ser de engrenagens, palhetas e pistões.

Figura 6. Motores hidráulicos: engrenagens, palhetas e pistões, com a simbologia.
Fonte: Parker (c2018, p. 194, documento on-line).

Osciladores hidráulicos

Os osciladores hidráulicos também convertem energia fluida em mecânica, traduzindo-se sob a forma de torque e um giro de determinado número de graus. Devido à sua natureza de trabalho, os osciladores são reversíveis e devem ser controlados por válvulas de quatro vias, contrastando com os motores hidráulicos pela baixa rotação e pelo alto torque que desenvolvem. Os principais osciladores são o de palhetas, o pinhão-cremalheira, o cilindro duplo e o rosca sem fim. A Figura 7 ilustra os atuadores rotativos.

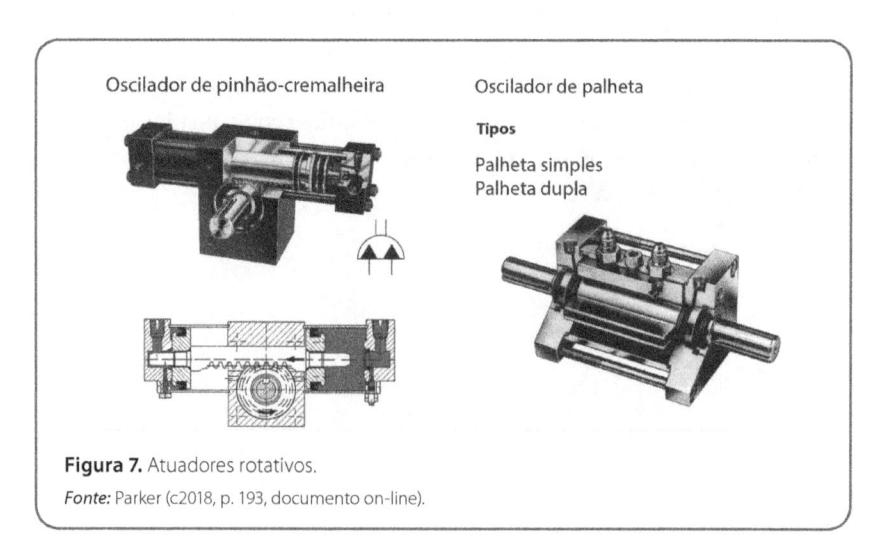

Figura 7. Atuadores rotativos.
Fonte: Parker (c2018, p. 193, documento on-line).

Características mínimas de um elemento hidráulico de potência

Para o dimensionamento de cilindros, os parâmetros mais importantes são a força exercida pelo atuador, a velocidade de trabalho e o tempo no avanço e retorno. Também são importantes os parâmetros listados na Tabela 2.

Tabela 2. Parâmetros de escolha/dimensionamento de cilindros hidráulicos

Simbologia	
A_p	área do pistão
A_h	área da haste
A_c	área da coroa
Dp	diâmetro do pistão
Dh	diâmetro da haste
P_1	pressão no avanço
P_2	pressão no retorno
F_1	força no avanço
F_2	força no retorno
Q_1	vazão no avanço
Q_2	vazão no retorno
t_1	tempo de avanço
t_2	tempo de retorno
S	curso do cilindro
N	ciclo de trabalho
V_t	volume total

Seleção de uma unidade hidráulica de potência de acordo com a aplicação

Os atuadores hidráulicos cilindros, motores e osciladores exigem inicialmente o cálculo de vazão, sabendo-se a pressão de trabalho regulada na válvula de alívio ou segurança. No caso dos cilindros hidráulicos, é necessário o cálculo da força de avanço e, em alguns casos, também a força de retorno — se esta for significativa. A montagem do cilindro hidráulico é importante para a sua correta fixação. Ainda, o diâmetro adequado pode ser calculado por fórmulas ou tirado de tabelas que os fabricantes fornecem.

Para motores hidráulicos, é importante a vazão e o torque para a aplicação em questão; o mesmo vale para os osciladores hidráulicos. Os fabricantes de atuadores hidráulicos apresentam tabelas completas para um bom dimensionamento dos atuadores.

Saiba mais

Para uma pequena prensa para montagem de cabos hidráulicos, são necessárias forças de cerca de 24.000 N ou aproximadamente 2.400 kg. Em uma pressão regulada da unidade hidráulica em 140 bar, o diâmetro do pistão é de duas polegadas ou 50,08 mm. Se a bomba operar em pressão maior de 210 bar, um cilindro de 1,5 polegadas ou 38 mm seria suficiente para o acionamento da carga.

Exercícios

1. Em cilindros hidráulicos de dupla ação, a força de avanço é maior que a força de retorno. A explicação desse fato deve-se:
a) ao tipo de montagem de cilindro escolhido.
b) à área do pistão igual nos dois lados.
c) à existência da haste no retorno.
d) à haste passante.
e) ao retorno por mola.

2. Na aplicação de uma direção hidráulica de caminhão, para girar as rodas do veículo, é utilizado:
a) cilindro de haste passante.
b) cilindro de dupla ação.
c) cilindro de simples ação.
d) cilindro telescópico.
e) cilindro de simples ação com retorno por mola.

3. Para uma pressão de 210 bar no circuito e força da carga de 150000 N

ou 15000 kg, o diâmetro do cilindro deve ser, pelas tabelas do fabricante:
a) duas polegadas (50,8 mm).
b) três polegadas e ¼ (82,6 mm).
c) quatro polegadas (101,6 mm).
d) cinco polegadas (127,0 mm).
e) seis polegadas (182,4 mm).

4. Sendo força o produto da pressão vezes a área ($F = p \times A$), para um cilindro de 20,2 cm² de área em uma pressão de 140 kg/cm², qual a força resultante?
a) 1240 kg
b) 3240 kg
c) 4228 kg
d) 2828 kg
e) 2240 kg

5. Para um caminhão basculante, para o qual é necessário um cilindro hidráulico com grande extensão e curso com tamanho reduzido, o cilindro mais aconselhado é:
a) cilindro de haste passante.
b) cilindro de dupla ação.
c) cilindro de simples ação.
d) cilindro de simples ação com retorno por mola.
e) cilindro telescópico.

Referência

PARKER. *Tecnologia hidráulica industrial*. c2018. Disponível em: <https://www.parker.com/literature/Brazil/Apres%20Hidrau%2027-04.pdf>. Acesso em: 06 jun. 2018.

Leituras recomendadas

BOLTON, W. *Mecatrônica:* uma abordagem multidisciplinar. 4. ed. Porto Alegre: Bookman, 2010.

BONACORSO, N. G.; NOLL, V. *Automação eletropneumática*. 11. ed. São Paulo: Érica, 2004.

FIALHO, A. B. *Automação pneumática:* projetos, dimensionamento e análise de circuitos. São Paulo: Érica, 2003.

LINSINGEN, I. V. *Fundamentos de sistemas hidráulicos*. Florianópolis: UFSC, 2001.

LUGLI, A. B.; SANTOS, M. M. D. *Redes industriais para automação industrial*: AS-I, Profibus e Profinet. São Paulo: Érica, 2010.

PAVANI, S. A. *Comandos pneumáticos e hidráulicos*. 3. ed. Santa Maria: UFSM, 2011.

PRUDENTE, F. *Automação industrial:* PLC: programação e instalação. Rio de Janeiro: LTC, 2010.

STEWART, H. L. *Pneumática e hidráulica*. 4. ed. São Paulo: Hemus, 2013.

Técnicas de comando hidráulico e aplicações a circuitos básicos

Objetivos de aprendizagem

Ao final deste texto, você deve apresentar os seguintes aprendizados:

- Descrever o princípio de funcionamento de um circuito básico.
- Reconhecer os elementos que compõem um circuito hidráulico básico.
- Analisar os recursos que podem ser inseridos em um circuito hidráulico.

Introdução

A hidráulica utiliza um fluido comprimido (óleo hidráulico) em altas pressões, permitindo assim grandes capacidades de força, carga e torque para os atuadores, cilindros, motores e osciladores hidráulicos. A razão física para isso é a incompressibilidade do fluido hidráulico. A hidráulica é muito usada em ambiente industrial e em aplicações móveis, como prensas, injetoras, máquinas de comando numérico (tornos, fresadoras), tratores, retroescavadeiras, guindastes, caminhões caçamba e *munck*, elevadores e aviões.

Neste capítulo, você vai acompanhar técnicas de comando hidráulico e aplicações a circuitos básicos. Além disso, vai entender o princípio de funcionamento de um circuito hidráulico básico, conhecer os elementos que o compõem e aprender sobre os recursos que podem ser inseridos nesse circuito.

O princípio de funcionamento de um circuito básico

Por definição, a força nos atuadores é o produto da pressão pela área: $F = p \times A$. A lei de Pascal é um princípio elaborado pelo físico e matemático francês Blaise Pascal (1623–1662). Ela estabelece que a alteração de pressão produzida em um fluido em equilíbrio transmite-se integralmente a todos os pontos desse fluido e às paredes do seu recipiente. Esse princípio explica que o fluido hidráulico transmite de forma eficaz a energia fluida aos atuadores, que são os cilindros, motores e osciladores. A viscosidade é o atrito interno do fluido hidráulico — o oposto de fluidez.

Para obtermos maiores forças nos atuadores, necessitamos ou de grandes áreas, ou de grandes pressões. Fluidos hidráulicos permitem carregar grandes pressões, pois são incompressíveis. Esta é a premissa básica do uso da hidráulica em máquinas e equipamentos: altas pressões de trabalho, que podem chegar a 700 bar ou kg/cm². Áreas maiores se refletem em maiores custos dos atuadores.

Uma unidade hidráulica é um conjunto modular que abriga quase todo o circuito hidráulico. É formada por um reservatório metálico, dentro do qual está contido o fluido hidráulico em fluxo contínuo. A bomba hidráulica, ligada a um motor elétrico, fica na parte interna do reservatório, assim como o filtro de óleo. Na parte externa, ficam as válvulas, como a válvula reguladora de pressão ou alívio e a válvula direcional.

A bomba hidráulica, ligada a um motor ou a uma tomada de força, gera vazão no fluido. Válvulas reguladoras de pressão mantêm a pressão dentro de valores de projeto, enquanto válvulas direcionais permitem o acionamento e bloqueio das cargas em dois sentidos. Válvulas de controle de vazão, por sua vez, permitem regular a velocidade dos atuadores. Por questões técnicas e de processo, os atuadores normalmente ficam fora da unidade hidráulica. Eles são conectados por tubulações hidráulicas para altas pressões, tubos de aço ou tubos flexíveis com malhas de aço, de forma que resistam às pressões de trabalho utilizadas. A Figura 1 traz um exemplo de aplicação de um sistema hidráulico na indústria.

Figura 1. Prensa hidráulica industrial de 30 toneladas (30.000 kg) com sistema hidráulico de controle.
Fonte: Hidrauk (c2018, documento on-line).

Fique atento

Em hidráulica móvel (ou mobil), o acionamento da bomba hidráulica é feito por uma ligação ao eixo motor do veículo, não sendo utilizado o motor elétrico. Também é necessário um reservatório dimensionado para conter o fluido em circulação contínua. Este deve preferencialmente ser metálico, para melhor dissipação do calor gerado, e em geral abriga as válvulas de controle de pressão ou alívio, nas quais a pressão de trabalho é regulada aos níveis desejados no processo. O reservatório também abriga internamente o filtro de óleo, importante para a filtragem adequada do fluido. Como exemplos de aplicação, temos os tratores que necessitam de sistema hidráulico para o acionamento dos implementos agrícolas, como arados, grades, valetadeiras, perfuradores de solo, etc.

Elementos que compõem um circuito hidráulico básico

Unidade hidráulica com reservatório e filtragem

O reservatório hidráulico armazena o fluido a ser utilizado no sistema, servindo como suporte de componentes hidráulicos como motor, bomba, filtros, válvula de alívio, etc. Esse elemento auxilia no resfriamento do fluido e na precipitação de impurezas. A Figura 2 ilustra a unidade hidráulica com reservatório e componentes.

Figura 2. Unidade hidráulica com motor, bomba, válvula direcional e de alívio.
Fonte: DJ Srki/Shutterstock.com.

Funções do reservatório

Armazenamento de óleo hidráulico

O fluido utilizado em um sistema hidráulico deve ser armazenado de tal forma que nunca seja insuficiente ou excessivo. Há uma flutuação constante no nível do óleo, que deve ser dimensionado levando-se em conta as exigências do circuito.

Resfriamento do fluido

A geração de calor em sistemas hidráulicos se deve a vários fatores:

- restrições na linha devido à introdução de válvulas reguladoras de pressão e vazão;
- perdas mecânicas na bomba ou no motor hidráulico;
- fricção nas vedações internas de cilindros, etc.

Uma grande quantidade do calor gerado é dissipada pelo reservatório, assim como pela tubulação e pelas paredes dos cilindros. Em contato com as paredes do tanque, o calor é trocado por condução e radiação.

Para um melhor resfriamento do fluido, é importante que a circulação desse fluido entre retorno e sucção da bomba seja otimizada, forçando o seu resfriamento. Além disso, o duto de retorno nunca deve ser colocado próximo ao de sucção — para isso existem as chicanas, que são acessórios que impõem uma orientação ao fluxo. Quando não se consegue uma boa troca de calor, deve-se utilizar o trocador de calor, dimensionado para a carga térmica do sistema.

Precipitação de impurezas

No retorno do fluido para o reservatório, a sua velocidade decresce. Desse modo, torna-se fácil a precipitação de impurezas no fundo do tanque, formando uma borra, que deve ser limpa periodicamente com jatos de óleo diesel de alta pressão. No fundo do tanque, geralmente são colocados magnetos, que atraem partículas metálicas do sistema.

Circulação interna de ar

Todo reservatório deve ter um respiro na base superior. Quando o fluido é succionado, o nível decresce, e o espaço é preenchido por ar — caso contrário, ocorreria a formação de vácuo no sistema. A pressão interna no reservatório deve ser sempre igual à atmosférica, exceto no caso de reservatórios pressurizados.

Bomba hidráulica

A bomba hidráulica é a responsável pela geração de vazão hidráulica. A pressão é gerada quando há restrições ao fluxo. A bomba hidráulica normalmente fica interna ao reservatório, conectada ao motor elétrico, nas aplicações industriais, e a uma tomada de força, nas aplicações móveis. Os tipos de bombas são engrenagens, palhetas, parafusos e pistões. As bombas de engrenagens são as mais utilizadas, em função da simplicidade operacional, robustez, facilidade de manutenção e do menor custo. As bombas de pistões são as que apresentam maiores rendimentos volumétricos e atingem as maiores pressões. A Figura 3 ilustra uma bomba de engrenagens.

Figura 3. Bomba hidráulica de engrenagens.
Fonte: notsuperstar/Shutterstock.com.

Válvulas de alívio ou segurança

As válvulas reguladoras de pressão têm por função básica limitar ou determinar a pressão do sistema hidráulico, para a obtenção de determinada função do equipamento acionado. Essas válvulas podem ter várias funções em um sistema hidráulico. A Figura 4 ilustra uma válvula de alívio ou segurança, que opera em conjunto com um manômetro para a medição e verificação da pressão de trabalho.

Figura 4. Válvula de controle de pressão.
Fonte: Parker (c2018, p. 152, documento on-line).

Válvulas direcionais

Como o próprio nome indica, são válvulas que direcionam o fluxo do fluido hidráulico e o bloqueiam. Nesse sentido, é importante definir as posições e vias das válvulas direcionais. Podem ser utilizadas válvulas de duas ou três posições: as de duas posições não permitem paradas intermediárias, já as de três posições permitem paradas, na posição de centro, com as tomadas dos atuadores bloqueadas.

Além disso, as válvulas apresentam duas, três e quatro vias. Válvulas de duas vias servem para a liberação ou o bloqueio de vazão de fluido; válvulas de três vias são usadas para o acionamento de cilindros de simples ação; válvulas de quatro vias são utilizadas para o acionamento de cilindros de dupla ação. Também é importante definir os tipos de acionamento e de retorno, que podem ser musculares (botão, alavanca, pedal), mecânicos (rolete ou pino), elétricos (solenoide) ou hidráulicos (nível de pressão). Também pode ser usada a mola para o retorno das válvulas direcionais.

Válvulas de controle de vazão

São válvulas que permitem regular a velocidade dos atuadores, pela restrição da passagem do fluido, atuando como uma torneira. Válvulas bidirecionais permitem a regulagem de velocidade nos dois sentidos (avanço e retorno). As unidirecionais permitem a regulagem de velocidade em um sentido, graças à incorporação de uma válvula de retenção, que permite vazão direta em um sentido e restrita em outro.

Exemplo

Para ilustrar um circuito hidráulico e o seu funcionamento, a Figura 5 apresenta um circuito hidráulico simples. A unidade hidráulica é composta pelo reservatório, que aloja o sistema. A bomba, ligada ao motor elétrico, fica posicionada dentro do reservatório, assim como o filtro de óleo. A válvula reguladora de pressão é montada no conjunto, ligada a um manômetro para a medição de pressão.

Nesse conjunto, também pode ser montada a válvula direcional de quatro vias e duas posições. O acionamento da válvula é por solenoide (elétrico), e o retorno é por mola. Esse tipo de circuito não permite paradas intermediárias do atuador, o cilindro hidráulico: ou o cilindro estende todo, ou recua todo. Para que seja possível uma parada em qualquer posição, é necessária uma válvula direcional de três posições; na posição de centro, o cilindro pode ser bloqueado. O avanço do cilindro tem velocidade restringida, controlada por uma válvula unidirecional. Já a velocidade de retorno é normal, com a liberação do fluxo pela válvula de retenção montada na válvula de vazão.

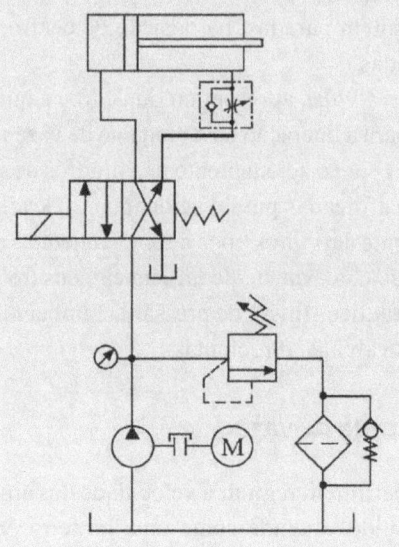

Figura 5. Circuito de acionamento de cilindro de dupla ação com regulagem de velocidade de avanço.
Fonte: Parker (c2018, p. 111, documento on-line).

Recursos que podem ser inseridos em um circuito hidráulico

Vários recursos podem ser incorporados a circuitos hidráulicos, como válvulas direcionais, de pressão, de controle, de vazão e de bloqueio. Os circuitos hidráulicos são projetados para o acionamento seguro de cargas, sempre atendendo à logística operacional e às necessidades específicas do projeto. A seguir, veja dois projetos: o primeiro atende motores hidráulicos com paradas e reversão instantânea (Figura 6), o segundo é um circuito com acionamento sequencial de atuadores (Figura 7).

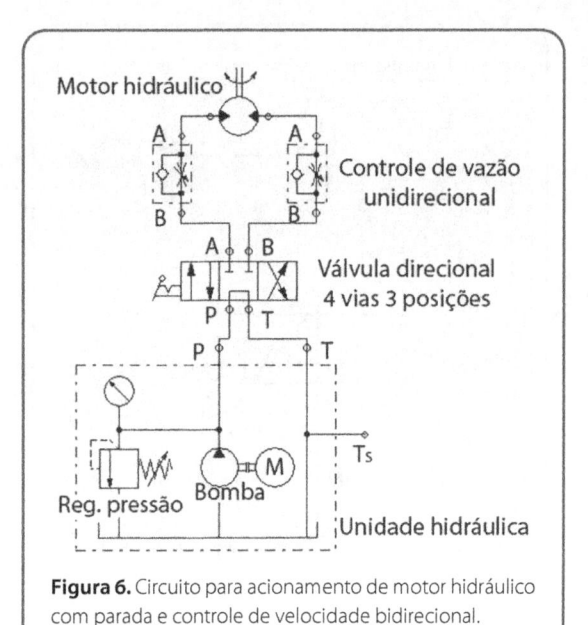

Figura 6. Circuito para acionamento de motor hidráulico com parada e controle de velocidade bidirecional.

Nesse circuito, temos um motor hidráulico acionado por uma válvula direcional de quatro vias e três posições, com acionamento por alavanca com trava (detente). Na posição de centro, existe um bloqueio das tomadas de pressão do cilindro. Ao mesmo tempo, a bomba dá vazão ao tanque, poupando energia do motor. No acionamento da esquerda, o motor vai girar em um sentido; no acionamento da direita, vai girar no outro, com rápida reversibilidade. Duas válvulas de controle de vazão unidirecional permitem a regulagem de velocidade horária e anti-horária do motor hidráulico.

Figura 7. Acionamento sequencial de atuadores.
Fonte: Parker (c2018, p. 156, documento on-line).

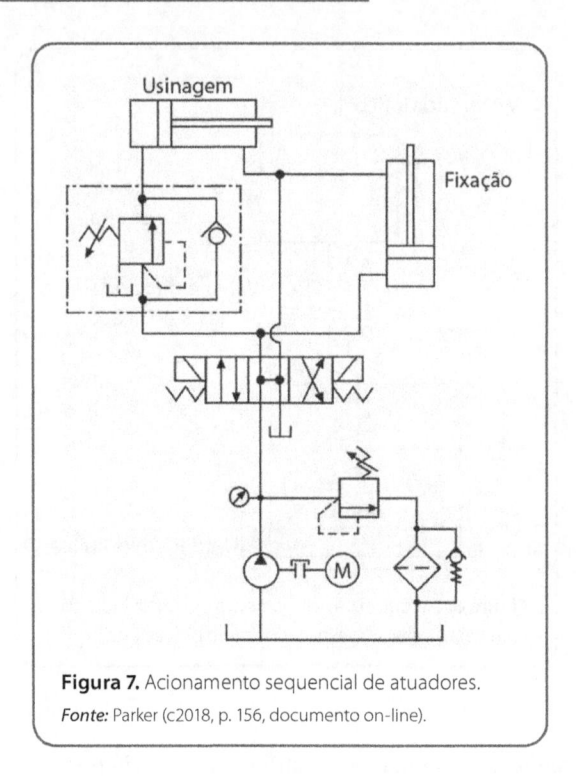

Nesse circuito sequencial, temos dois atuadores (cilindros de fixação e usinagem) ligados em paralelo por meio da válvula direcional de quatro vias e três posições. Quando a posição da esquerda é acionada, a pressão vai para o avanço dos dois cilindros. Porém, existe no cilindro de usinagem uma válvula de sequência, que somente vai permitir o avanço do cilindro se o cilindro de fixação estiver totalmente acionado, quando aumenta a pressão, liberando assim o cilindro de usinagem.

Saiba mais

Os circuitos hidráulicos normalmente apresentam atuadores (cilindros) de dupla ação, como no caso de uma prensa hidráulica. O avanço apresenta menor velocidade, com uma maior força, pois a área em consideração é a área do pistão. No retorno, a força é menor, devido à existência da haste do cilindro. No entanto, normalmente isso não é um problema, porque no retorno normalmente não existe trabalho útil. A vantagem está no fato de a velocidade de retorno ser maior, porque existe um menor volume para preenchimento do fluido hidráulico. Se a relação de áreas for 2:1, o retorno terá a metade do tempo de avanço do cilindro.

Exercícios

1. A resistência ao escoamento, ou o inverso da fluidez, é denominada:
 a) emulsificação.
 b) número de neutralização.
 c) viscosidade.
 d) aditivação.
 e) índice de viscosidade.

2. Quais são os componentes hidráulicos que são montados dentro do reservatório?
 a) Motor e bomba.
 b) Bomba e válvula de alívio.
 c) Válvula direcional e filtro.
 d) Bomba e filtro.
 e) Bomba e válvula direcional.

3. Qual o tipo de bomba hidráulica com o melhor rendimento volumétrico e a maior eficiência, operando em pressões mais altas?
 a) Bomba manual.
 b) Bomba de palhetas.
 c) Bomba de parafusos.
 d) Bomba de engrenagens.
 e) Bomba de pistões.

4. Para o acionamento simples de um cilindro hidráulico sem paradas intermediárias, são usadas válvulas direcionais do tipo:
 a) duas vias e duas posições.
 b) três vias e duas posições.
 c) quatro vias e duas posições.
 d) quatro vias e três posições.
 e) cinco vias e duas posições.

5. Sendo a força o produto da pressão vezes a área (**F = p × A**), para um cilindro de 20,2 cm^2 de área em uma pressão de 200 kg/cm^2, qual a força resultante desse cilindro?
 a) 4.040 kg.
 b) 404 kg.
 c) 4.400 kg.
 d) 40.400 kg.
 e) 3.040 kg.

Referências

HIDRAUK. *Prensa hidráulica elétrica 30T.* São José do Rio Preto, c2018. Disponível em: <http://www.hidrauk.com/prensas-eletricas/prensa-hidraulica-eletrica-30t/ref/166>. Acesso em: 06 jun. 2018.

PARKER. *Tecnologia hidráulica industrial.* c2018. Disponível em: <https://www.parker.com/literature/Brazil/Apres%20Hidrau%2027-04.pdf>. Acesso em: 06 jun. 2018.

Leituras recomendadas

BOLTON, W. *Mecatrônica:* uma abordagem multidisciplinar. 4. ed. Porto Alegre: Bookman, 2010.

BONACORSO, N. G.; NOLL, V. *Automação eletropneumática.* 11. ed. São Paulo: Érica, 2004.

FIALHO, A. B. *Automação pneumática*: projetos, dimensionamento e análise de circuitos. São Paulo: Érica, 2003.

I9 SOLUÇÕES INDUSTRIAIS. *Vídeo 02:* dimensionamento de bombas hidráulicas. YouTube, 25 jan. 2017. Disponível em: <https://www.youtube.com/watch?v=qH_IDXzr8Dk>. Acesso em: 06 jun. 2018.

LINSINGEN, I. V. *Fundamentos de sistemas hidráulicos.* Florianópolis: UFSC, 2001.

LUGLI, A. B.; SANTOS, M. M. D. *Redes industriais para automação industrial*: AS-I, Profibus e Profinet. São Paulo: Érica, 2010.

PAVANI, S. A. *Comandos pneumáticos e hidráulicos.* 3. ed. Santa Maria: UFSM, 2011.

PRUDENTE, F. *Automação industrial*: PLC: programação e instalação. Rio de Janeiro: LTC, 2010.

STEWART, H. L. *Pneumática e hidráulica.* 4. ed. São Paulo: Hemus, 2013.

UNIDADE 2

Introdução à pneumática

Objetivos de aprendizagem

Ao final deste texto, você deve apresentar os seguintes aprendizados:

- Reconhecer os princípios da pneumática.
- Explicar o funcionamento de um sistema pneumático.
- Avaliar o uso de um sistema pneumático.

Introdução

A pneumática é a ciência que trata do comportamento dos gases e de seu emprego na transmissão de energia. Todos os gases são facilmente compressíveis: essa é a propriedade que mais os diferencia dos líquidos como meio de transmissão de energia fluida. Atualmente, a pneumática tem importância fundamental na automação industrial.

A pneumática tornou-se um meio barato e simples devido às propriedades do ar comprimido, que são: abundância, fácil transporte, possibilidade de armazenagem, flexibilidade às diferentes temperaturas, segurança, limpeza, alta velocidade, resistência a sobrecarga, baixo custo e fácil manutenção.

Como você vai ver, na pneumática o ar comprimido é conduzido através de tubulações até o ponto de aplicação, onde executa trabalho útil, seja por expansão, seja por aplicação direta de força. Em seguida, o ar é expulso para a atmosfera.

Noções básicas de pneumática

Segundo Dutra (2002), o termo "pneuma" provém dos antigos gregos. Ele significa fôlego, vento e, filosoficamente, alma. Assim, "pneumático" designa a matéria dos movimentos e fenômenos dos gases. Embora a base da pneumática seja um dos mais antigos conhecimentos da humanidade, só no século XIX o estudo de seu comportamento e de suas características se tornou sistemático. Porém, pode-se dizer que somente após 1950 é que ela foi realmente introduzida na produção industrial, com o crescimento da indústria automobilística americana.

Antes, porém, já existiam alguns campos de aplicação e aproveitamento da pneumática, como a indústria mineira, a construção civil e a indústria ferroviária (freios a ar comprimido). A introdução, de forma mais generalizada, da pneumática na indústria, começou com a necessidade, cada vez maior, de automatização e racionalização dos processos de trabalho. Hoje, o ar comprimido é indispensável, e nos mais diferentes ramos industriais instalam-se aparelhos e ferramentas pneumáticas.

Segundo Dorneles e Mugge (2008), a pneumática é a ciência que trata do comportamento dos gases e de seu emprego para a transmissão de energia. Todos os gases são facilmente compressíveis, e é essa a propriedade que mais os diferencia dos líquidos como meio de transmissão de energia. Praticamente qualquer gás pode ser usado em um sistema pneumático, mas, por razões óbvias, o ar (mistura de 78% de nitrogênio e 21% de oxigênio, aproximadamente) é o mais usual. Atualmente, a pneumática tem importância fundamental na automação industrial.

A automação industrial é uma forma que muitas empresas encontraram de melhorar seu processo de produção. Uma das vantagens de se usar a automação industrial é o fato de que as máquinas, aliadas aos avanços tecnológicos e à informática, conseguem fazer melhor e mais rapidamente o trabalho de um homem.

A utilização da pneumática tornou-se um meio barato e simples devido às propriedades do ar comprimido, que são: abundância na atmosfera, fácil transporte, possibilidade de armazenagem em reservatórios para posterior utilização, flexibilidade às diferentes temperaturas, segurança, limpeza, altas velocidades de trabalho, resistência a sobrecargas, baixo custo para a construção dos elementos e fácil manutenção.

O ar comprimido é conduzido através de tubulações até o ponto de aplicação, onde executa trabalho útil, seja por expansão, seja por aplicação direta de força. Em seguida, é expulso para a atmosfera. Na Figura 1, a seguir, você pode ver um equipamento com automação pneumática.

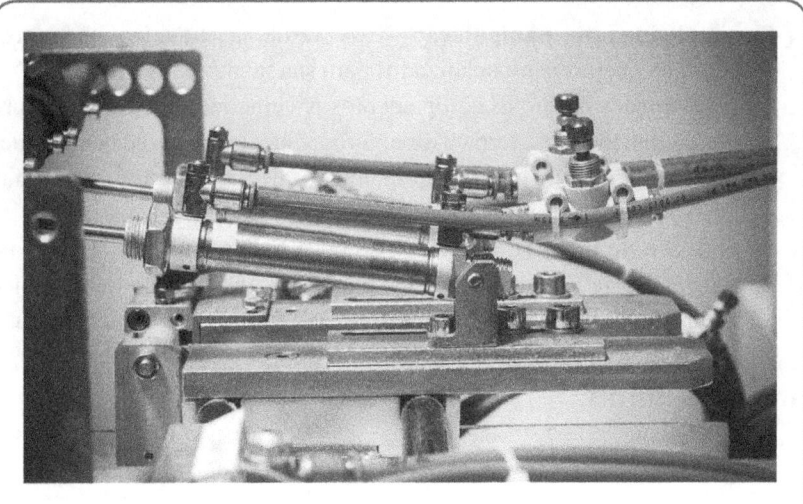

Figura 1. Equipamento com automação pneumática.
Fonte: DJ Srkl/Shutterstock.com.

Vantagens da automação pneumática

Segundo Dutra (2002), as vantagens da automação são:

1. **incremento da produção com investimento relativamente pequeno;**
2. **redução dos custos operacionais** — a rapidez nos movimentos pneumáticos e a libertação do operário (homem) de operações repetitivas possibilitam o aumento do ritmo de trabalho, o aumento da produtividade e, portanto, um menor custo operacional;
3. **robustez dos componentes pneumáticos** — a robustez inerente aos controles pneumáticos torna-os relativamente insensíveis a vibrações e golpes, permitindo que ações mecânicas do próprio processo sirvam de sinal para as diversas sequências de operação; além disso, esses componentes são de fácil manutenção;
4. **facilidade de implantação** — pequenas modificações nas máquinas convencionais, aliadas à disponibilidade de ar comprimido, são os requisitos necessários para a implantação dos controles pneumáticos;
5. **resistência a ambientes hostis** — poeira, atmosfera corrosiva, oscilações de temperatura, umidade e submersão em líquidos raramente prejudicam os componentes pneumáticos quando projetados para essa finalidade;

6. **simplicidade de manipulação** — os controles pneumáticos não necessitam de operários especializados para sua manipulação;
7. **segurança** — como os equipamentos pneumáticos envolvem sempre pressões moderadas, tornam-se seguros contra possíveis acidentes, quer no pessoal, quer no próprio equipamento, além de evitarem problemas de explosão;
8. **redução do número de acidentes** — a fadiga é um dos principais fatores que favorecem acidentes, por isso a implantação de controles pneumáticos reduz sua incidência (liberação de operações repetitivas).

Ar comprimido

Vantagens

- Volume: o ar a ser comprimido se encontra em quantidades ilimitadas.
- Transporte: o ar é facilmente transportável por tubulações.
- Armazenagem: o ar pode ser armazenado em reservatórios.
- Temperatura: o ar é insensível às oscilações de temperatura.
- Segurança: não existe perigo de explosão ou incêndio.
- Construção: os elementos de trabalho são de construção simples.
- Velocidade: o ar permite alcançar altas velocidades de trabalho.
- Regulagem: as velocidades e forças são reguláveis sem escala.
- Segurança contra sobrecarga: os elementos de trabalho são carregáveis até a parada final, sem prejuízo para o equipamento.

Desvantagens

- Preparação: impurezas e umidades devem ser evitadas, pois provocam desgastes nos elementos pneumáticos.
- Compressibilidade: não é possível manter constantes as velocidades de elementos de trabalho.
- Potência: o ar é econômico até determinada força, cujo limite é 3.000 Kgf.
- Escape de ar: o escape é ruidoso.
- Custos: a produção do ar comprimido é onerosa, pois depende de outra forma de energia. O custo do ar comprimido torna-se elevado se na rede de distribuição e nos equipamentos houver vazamentos consideráveis.

Propriedades do ar

Segundo Parker Hannifin ([200-?]), as propriedades do ar são:

1. **Compressibilidade** — o ar tem a propriedade de ocupar todo o volume de qualquer recipiente, adquirindo seu formato, já que não possui forma própria, de modo que é possível fechá-lo em um recipiente com volume determinado e posteriormente provocar uma redução de volume usando uma força exterior, como você pode ver na Figura 2.

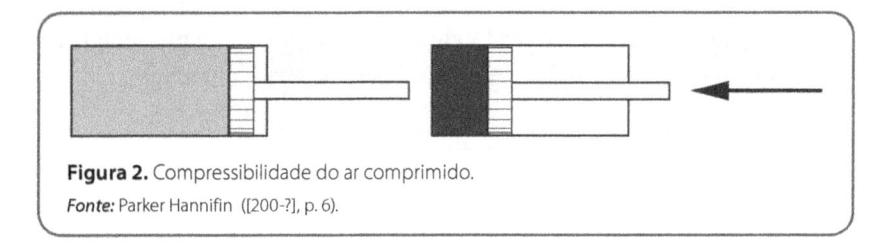

Figura 2. Compressibilidade do ar comprimido.
Fonte: Parker Hannifin ([200-?], p. 6).

2. **Elasticidade** — o ar pode voltar ao seu volume inicial assim que for extinta a força responsável pela redução, como você pode ver na Figura 3.

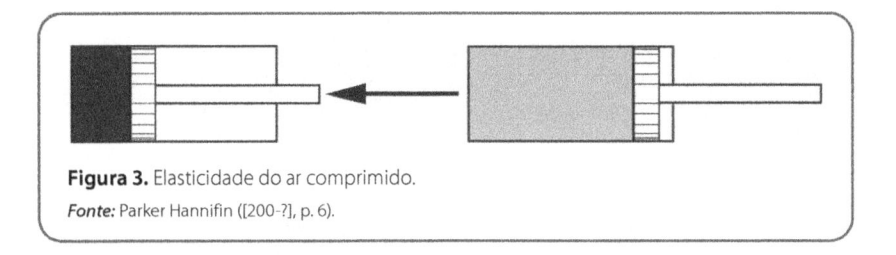

Figura 3. Elasticidade do ar comprimido.
Fonte: Parker Hannifin ([200-?], p. 6).

3. **Difusibilidade** — o ar pode se misturar homogeneamente com qualquer meio gasoso que não esteja saturado, como mostra a Figura 4.

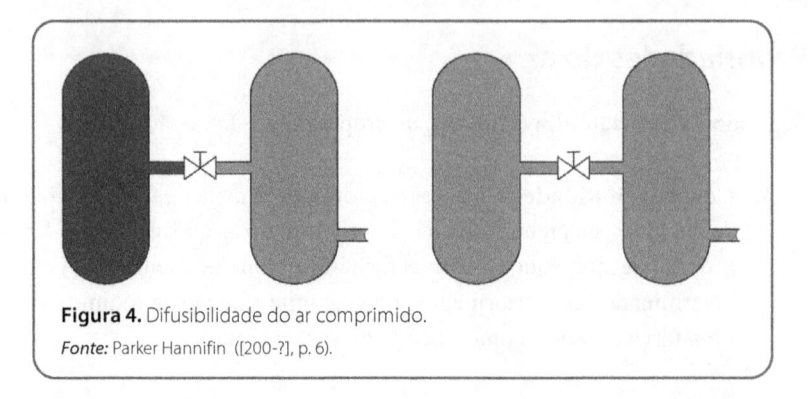

Figura 4. Difusibilidade do ar comprimido.
Fonte: Parker Hannifin ([200-?], p. 6).

4. **Expansibilidade** — ocupa totalmente o volume de qualquer recipiente, adquirindo seu formato, como você pode ver na Figura 5.

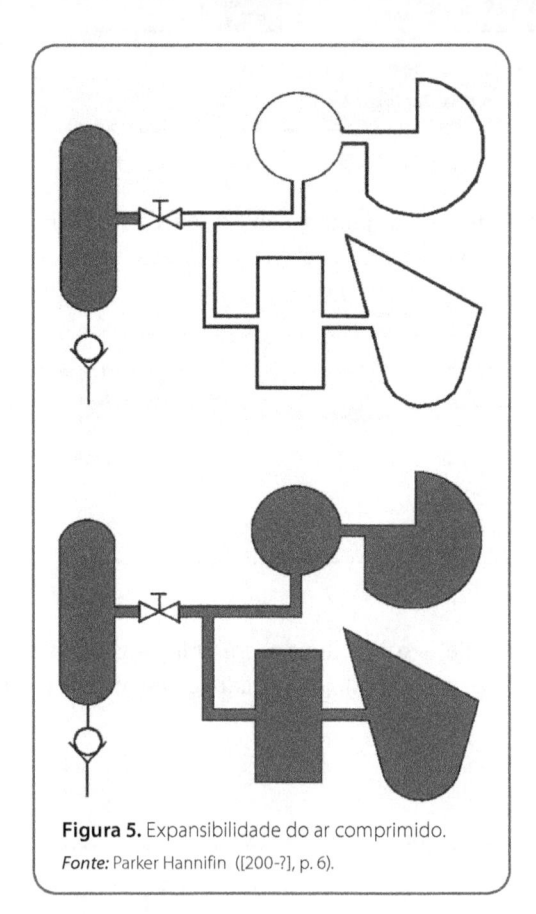

Figura 5. Expansibilidade do ar comprimido.
Fonte: Parker Hannifin ([200-?], p. 6).

5. **Peso** — como toda matéria, o ar tem peso: um litro de ar, a 0 °C e ao nível do mar, pesa 1,293 × 10⁻³ Kgf (Figura 6).

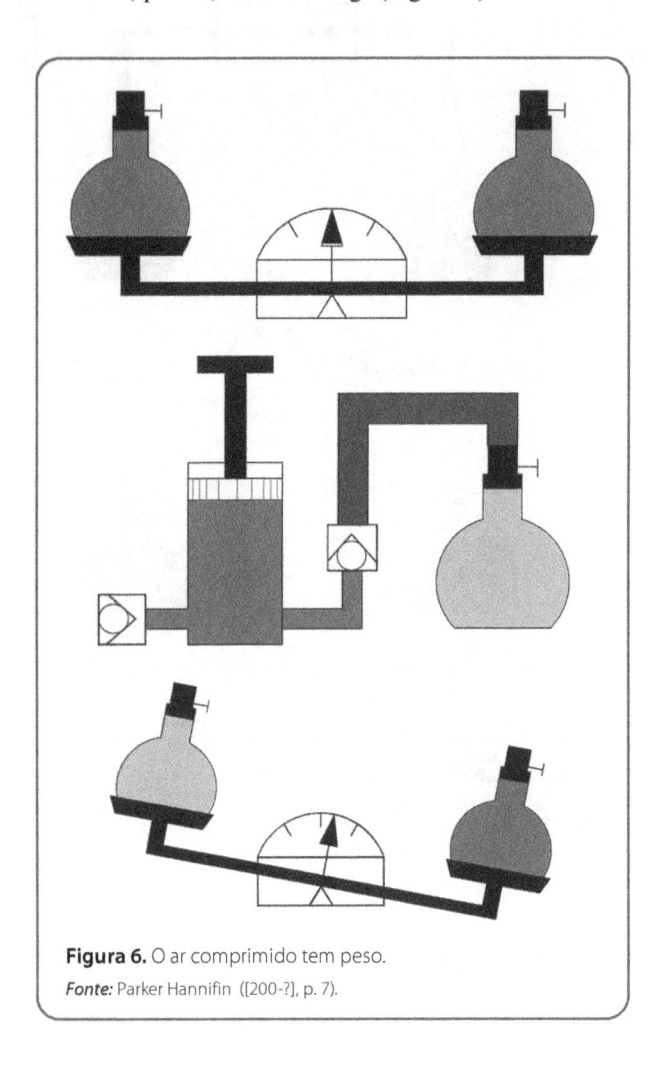

Figura 6. O ar comprimido tem peso.
Fonte: Parker Hannifin ([200-?], p. 7).

6. **Leveza do ar quente em relação ao ar frio** — o ar aquecido fica mais leve e menos denso, princípio que é aplicado aos balões, conforme mostra a Figura 7.

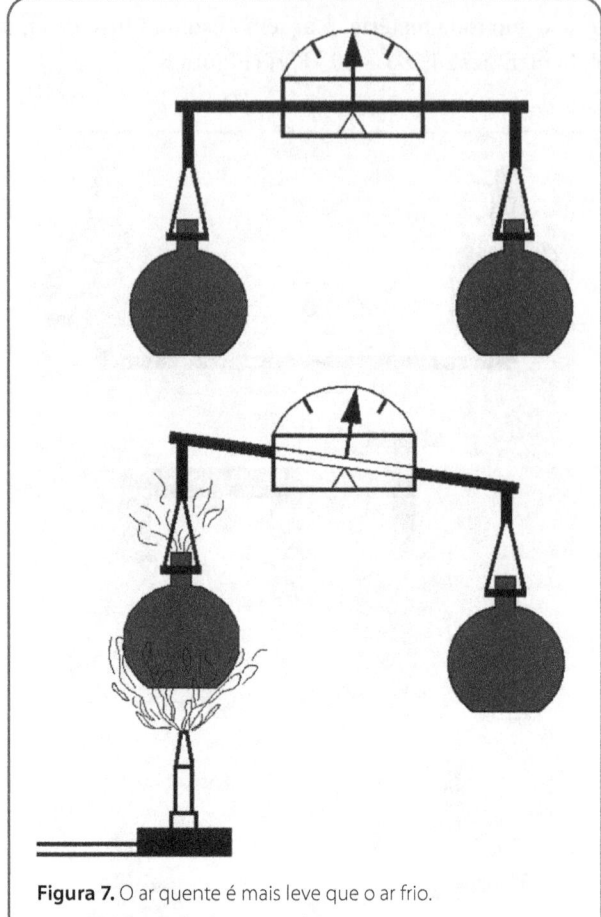

Figura 7. O ar quente é mais leve que o ar frio.
Fonte: Parker Hannifin ([200-?], p. 7).

Força, pressão e área

Segundo Dutra (2002), existe uma relação entre força, pressão e área, como você pode ver a seguir.

- **Força:** é toda causa capaz de modificar o estado de movimento ou causar deformações. É uma grandeza vetorial e, para ser caracterizada, é necessário conhecer sua intensidade, seu sentido e sua direção.
- **Pressão:** quando o ar ocupa um recipiente, exerce sobre suas paredes uma força igual em todos os sentidos e direções. Ao se chocarem, as

moléculas produzem um tipo de bombardeio sobre essas paredes, gerando um pressão. A Figura 8, a seguir, ilustra o triângulo FPA (Força, Pressão e Área).

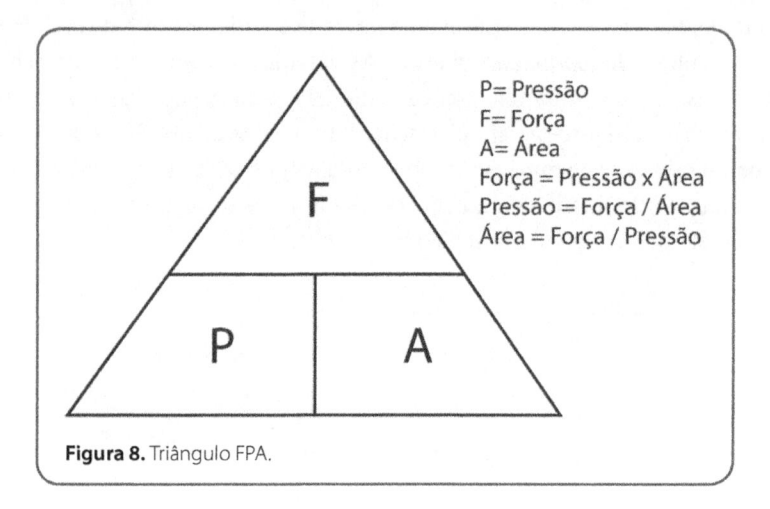

P= Pressão
F= Força
A= Área
Força = Pressão x Área
Pressão = Força / Área
Área = Força / Pressão

Figura 8. Triângulo FPA.

- **Vazão:** quantidade de fluido que passa através de uma tubulação durante determinado intervalo de tempo (Q = V/t). A vazão é expressa em unidades como litros por minuto (LPM), galões por minuto (GPM), metros cúbicos por segundo, etc.

Fique atento

O ar comprimido tem vantagens e desvantagens. É abundante, precisando apenas ser comprimido e armazenado em reservatórios. É seguro, limpo, facilmente transportável em tubulações. Como não apresenta atrito fluido, como o óleo hidráulico, permite grandes velocidades nos atuadores (cilindros, motores e osciladores pneumáticos). Como desvantagens, tem a sua incompressibilidade, que não permite paradas precisas nos atuadores, somente paradas em início de curso. As velocidades também não são precisas como nos circuitos hidráulicos. O ar comprimido apresenta umidade e sujeira, precisando de uma preparação adequada para uso em circuitos pneumáticos, sob risco de problemas de manutenção. Além disso, como a pressão dos compressores de ar comprimido não é alta (limite prático de 10 Kg/cm^2), a força dos atuadores pneumáticos não é muito elevada, chegando ao máximo de 3.000 kg.

Funcionamento de um sistema pneumático

Segundo Dutra (2002), o ar comprimido apresenta umidade e sujeira. Para uso adequado em sistemas pneumáticos, ele precisa ser limpo e seco, sem umidade. Para isso, é necessária uma unidade condicionadora de ar comprimido, também denominada "lubrefil". As válvulas direcionais comandam os atuadores, cilindros, motores ou osciladores pneumáticos. Válvulas de três vias acionam cilindros de simples ação. Válvulas de cinco vias, por sua vez, acionam cilindros de dupla ação. Já válvulas reguladoras de vazão permitem controlar a velocidade dos atuadores. A Figura 9 ilustra o funcionamento esquematizado de um sistema pneumático.

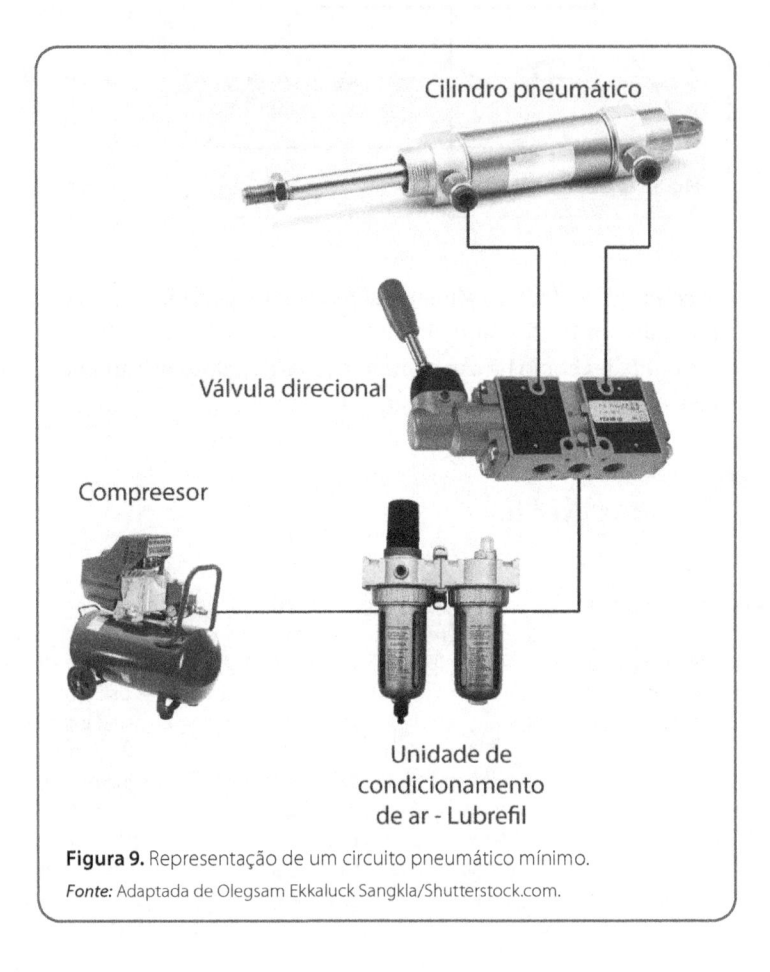

Figura 9. Representação de um circuito pneumático mínimo.
Fonte: Adaptada de Olegsam Ekkaluck Sangkla/Shutterstock.com.

A Figura 10, a seguir, ilustra um circuito pneumático com dois atuadores (cilindro de simples e dupla ação) e controle de velocidade; é um software de simulação de circuitos pneumáticos.

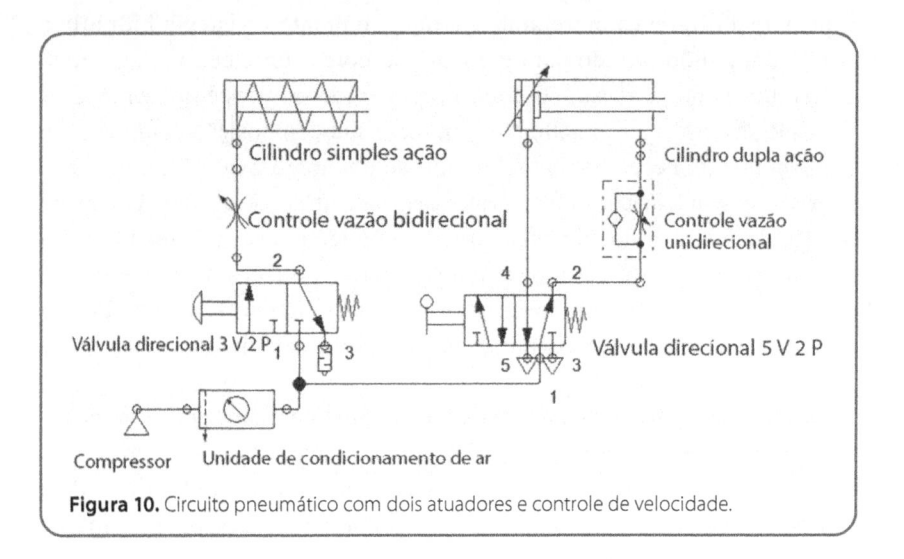

Figura 10. Circuito pneumático com dois atuadores e controle de velocidade.

Quando utilizar um sistema pneumático?

Segundo Dutra (2002), a maior parte das máquinas é movimentada por meio de dois tipos de energia, a hidráulica e a pneumática. Sem dúvida, apesar de existirem outras formas de gerar energia no mundo, essas duas são reconhecidas como as mais eficientes, motivo pelo qual elas costumam ser mais comumente empregadas.

O sistema hidráulico é um tipo de sistema capaz de gerar força e/ou movimento mecânico por meio da pressurização de algum tipo de fluido, como um óleo, por exemplo. Ele consegue gerar grandes quantidades de força e realizar movimentos de forma precisa, motivo pelo qual tem sido cada vez mais procurado por empresas dos mais diferentes segmentos. Por utilizar fluidos, no entanto, o sistema hidráulico está sujeito a vazamentos, tendo, por conta disso, custos de manutenção elevados. Esse tipo de sistema costuma ser utilizado em situações que requerem grande quantidade de força e/ou suporte de grandes cargas, como na articulação do braço de um trator, que deverá ser capaz de mover grandes quantidades de matéria, ou nos elevadores utilizados em oficinas mecânicas, que precisam ser capazes de erguer os carros para que os mecânicos trabalhem neles.

O sistema pneumático opera de forma bastante semelhante ao hidráulico. A principal diferença entre ambos é que, enquanto o sistema hidráulico utiliza um fluido líquido para gerar força, como um óleo, o pneumático utiliza um fluido gasoso, como ar comprimido e nitrogênio. Ambos os sistemas são bastante semelhantes tanto em sua composição como em seu funcionamento, necessitando do auxílio de um compressor a fim de que a propagação seja feita com a força necessária para que ocorra o funcionamento correto do mecanismo. No caso do sistema pneumático, no entanto, além do compressor, existe outra peça imprescindível: o filtro de ar. De fato, o ar, em especial o comprimido, pode conter muitas impurezas, de modo que um filtro é necessário para evitar que tais impurezas prejudiquem o sistema e encurtem sua vida útil.

Você deve notar ainda que o sistema pneumático é capaz de gerar quantidades menores de força e/ou movimento do que o hidráulico. Isso, no entanto, não torna o sistema pneumático pior do que o hidráulico. Pelo contrário: justamente por gerar níveis menores de pressão, esse tipo de sistema costuma ser feito de material mais leve e delicado, tornando-se menor, mais prático e ideal para tarefas como automação. Esse sistema é muito utilizado em linhas de montagem para posicionar e retirar objetos no momento correto. Como exemplo, considere um processo de serragem de madeira: o sitema coloca novas tábuas em uma esteira para que elas sejam cortadas. Fora isso, por ser um sistema que funciona à base de ar, ele é muito mais simples, com o descarte de seu fluido podendo ser feito diretamente na atmosfera, quando necessário. Como você pode imaginar, isso não ocorre com o sistema hidráulico, que precisa ter seu fluido descartado em um recipiente apropriado. Além disso, sistemas pneumáticos atingem altas velocidades de operação.

Em síntese, a hidráulica é utilizada para maiores forças, precisão de posicionamentos e velocidades constantes dos atuadores. Já a pneumática é utilizada para menores forças e maiores velocidades dos atuadores, sem maior precisão no posicionamento e no controle da velocidade dos atuadores.

Exemplo

A pneumática tem a grande vantagem de permitir altas velocidades dos atuadores devido ao menor atrito fluido do ar comprimido em comparação com o fluido hidráulico. Isso resulta em mecanismos rápidos e ciclos de trabalho curtos, diminuindo os custos de produção. Uma prensa para montagem de conectores e chicotes, por exemplo, não necessita de grandes forças de conformação, mas precisa de rapidez para a produção em massa. O operador usa uma válvula de comando via pedal para liberar o uso das mãos na operação, já que elas devem se ocupar com o material a ser prensado. Hoje, existem sensores que não liberam o movimento do cilindro se a mão do operador estiver dentro da área de prensagem (em conformidade com as novas normas de segurança NR–12).

Exercícios

1. As maiores vantagens do uso da pneumática são:
   a) precisão de posicionamento e paradas precisas dos atuadores.
   b) maiores velocidades dos atuadores e menores custos de implementação.
   c) paradas precisas e movimentos suaves dos atuadores.
   d) o fato de que não há necessidade de preparação do ar e as paradas precisas.
   e) maiores forças e velocidades dos atuadores.

2. A propriedade que o ar comprimido apresenta de redução de volume por uma força externa é denominada:
   a) compressibilidade.
   b) elasticidade.
   c) difusibilidade.
   d) expansibilidade.
   e) viscosidade.

3. Os balões sobem devido ao princípio físico da:
   a) compressibilidade.
   b) viscosidade.
   c) maior leveza do ar quente em relação ao ar frio.
   d) expansibilidade.
   e) difusibilidade.

4. Sendo a força o produto da pressão pela área, para uma pressão de linha de 7 Kg/cm^2 e para uma área do atuador de 28,57 cm^2, qual é a força que o atuador exerce?
   a) 50 kg
   b) 150 kg
   c) 200 kg
   d) 250 Kg
   e) 300 kg

5. Sendo a vazão o quociente do volume no tempo (Q = vazão = V/t), um compressor para encher pneus tem vazão de 25 LPM (litros por minuto). Um colchão inflável para casais tem dimensões de 1,5 m X 2 m X 0,1 m. Qual é o tempo para enchimento do colchão pelo compressor?
   a) 5 minutos.
   b) 7 minutos.
   c) 9 minutos.
   d) 10 minutos.
   e) 12 minutos.

Referências

DORNELES, V; MUGGE, T. *Pneumática básica*. Escola Técnica CETEMP. São Leopoldo: SENAI, 2008

DUTRA, E. S. *Notas de aula:* pneumática. Centro Tecnológico de Mecatrônica. Caxias do Sul: SENAI, 2002.

PARKER HANNIFIN. *Tecnologia pneumática industrial:* apostila M1001 BR. Jacareí: Parker, 2000. Disponível em: <https://www.parker.com/literature/Brazil/apostila_M1001_1_BR.pdf>. Acesso em: 27 jun. 2018.

Leituras recomendadas

BOLTON, W. *Mecatrônica:* uma abordagem multidisciplinar. 4. ed. Porto Alegre: Bookman, 2010.

BONACORSO, N. G.; NOLL, V. *Automação eletropneumática*. 11. ed. São José dos Campos: Érica, 2004.

FIALHO, A. B. *Automação pneumática:* projetos, dimensionamento e análise de circuitos. São José dos Campos: Érica, 2003.

LINSINGEN, I. V. *Fundamentos de sistemas hidráulicos*. Florianópolis: UFSC, 2001.

LUGLI, A. B.; SANTOS, M. M. D. *Redes industriais para automação industrial:* AS-I, PROFIBUS e PROFINET. São José dos Campos: Érica, 2010.

PAVANI, S. A. *Comandos pneumáticos e hidráulicos*. 3. ed. Santa Maria: UFSM, 2010.

PRUDENTE, F. *Automação industrial:* programação e instalação. Rio de Janeiro: GEN, 2010.

STEWART, H. L. *Pneumática & hidráulica*. 4. ed. São Paulo: Hemus, 2013.

Características dos sistemas pneumáticos

Objetivos de aprendizagem

Ao final deste texto, você deve apresentar os seguintes aprendizados:

- Reconhecer as principais grandezas envolvidas em sistemas pneumáticos.
- Identificar as características dos sistemas pneumáticos.
- Descrever as principais possibilidades de aplicação dos sistemas pneumáticos.

Introdução

A pneumática é largamente utilizada na indústria com vantagens consideráveis, como altas velocidades de atuação, menores custos de implementação, segurança operacional e facilidades de manutenção.

Para que você compreenda melhor esses conceitos, é importante que estude as principais grandezas envolvidas na pneumática, como propriedades físicas do ar, pressão atmosférica, lei geral dos gases perfeitos e princípio de Pascal. É importante também que conheça a cadeia de comando pneumático e as principais possibilidades de aplicação de sistemas pneumáticos.

Neste capítulo, você vai estudar as características dos sistemas pneumáticos. Além disso, vai conhecer as principais grandezas envolvidas nesses sistemas, aprender sobre as suas características e entender as suas principais possibilidades de aplicação.

Principais grandezas envolvidas em sistemas pneumáticos

Propriedades físicas do ar

Segundo Parker Hannifin (2000), apesar de insípido, inodoro e incolor, o ar é percebido por meio dos ventos, aviões e pássaros que nele flutuam e se movimentam. Além disso, o seu impacto é sentido sobre os corpos. Assim, o ar tem existência real e concreta, ocupando lugar no espaço.

Atmosfera

A atmosfera é a camada formada por gases, principalmente por oxigênio (O_2) e nitrogênio (N_2), que envolve toda a superfície terrestre e é responsável pela existência de vida no planeta. Como o ar tem peso, as camadas inferiores são comprimidas pelas camadas superiores. Assim, as camadas inferiores são mais densas que as superiores. Portanto, um volume de ar comprimido é mais pesado que o ar à pressão normal ou à pressão atmosférica. Quando se diz que um litro de ar pesa $1,293 \times 10^{-3}$ kg ao nível do mar, isso significa que, em altitudes diferentes, o peso tem valores diferentes.

Pressão atmosférica

Como você viu, o ar tem peso, portanto as pessoas vivem sob esse peso. A atmosfera exerce uma força equivalente ao seu peso, mas você não a sente, pois ela atua em todos os sentidos e direções com a mesma intensidade. A pressão atmosférica varia proporcionalmente à altitude considerada. Essa variação pode ser notada. No topo do Himalaia, a pressão atmosférica é um terço da pressão ao nível do mar. A Figura 1 ilustra a pressão atmosférica incidindo na superfície terrestre. A Tabela 1 mostra a variação da pressão atmosférica com a altitude.

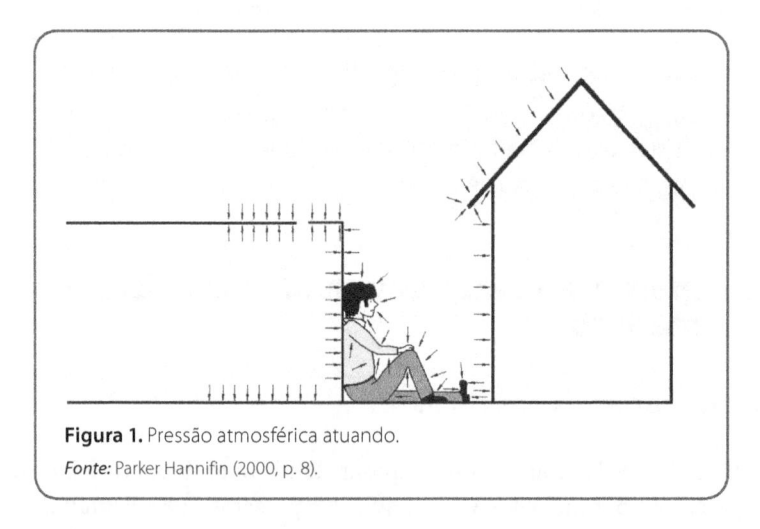

Figura 1. Pressão atmosférica atuando.
Fonte: Parker Hannifin (2000, p. 8).

Tabela 1. Variação da pressão atmosférica com a altitude

Altitude m	Pressão Kgf/cm²	Altitude m	Pressão Kgf/cm²
0	1,033	1000	0,915
100	1,021	2000	0,810
200	1,008	3000	0,715
300	0,996	4000	0,629
400	0,985	5000	0,552
500	0,973	6000	0,481
600	0,960	7000	0,419
700	0,948	8000	0,363
800	0,936	9000	0,313
900	0,925	10000	0,270

Fonte: Adaptado de Parker Hannifin (2000, p. 8).

Medição da pressão atmosférica

Segundo Parker Hannifin (2000), as pessoas geralmente pensam que o ar não tem peso. Mas o ar que cobre a Terra exerce pressão sobre ela. Torricelli, o inventor do barômetro, mostrou que a pressão atmosférica pode ser medida por uma coluna de mercúrio. Enchendo um tubo com mercúrio e invertendo-o em uma cuba também cheia de mercúrio, ele descobriu que a atmosfera padrão, ao nível do mar, suporta uma coluna de mercúrio de 760 mm de altura.

A pressão atmosférica ao nível do mar mede ou é equivalente a 760 mm de mercúrio. Qualquer elevação acima desse nível deve medir evidentemente menos do que isso. Num sistema hidráulico, as pressões acima da pressão atmosférica são medidas em kgf/cm². As pressões abaixo da pressão atmosférica são medidas em unidade de milímetros de mercúrio. Na Figura 2, a seguir, você pode ver o barômetro de Torricelli.

Figura 2. Barômetro de Torricelli.
Fonte: Parker Hannifin (2000, p. 8).

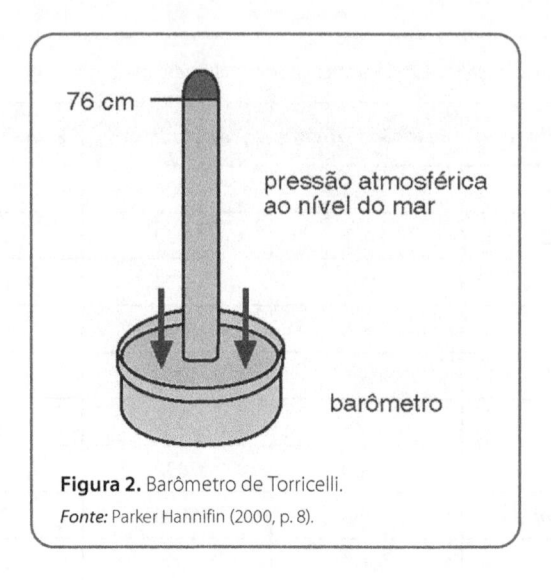

Efeitos combinados entre as variáveis físicas do gás

Lei geral dos gases perfeitos

Segundo Parker Hannifin (2000), as leis de Boyle-Mariotte, Charles e Gay Lussac referem-se a transformações de estado nas quais uma das variáveis físicas permanece constante. Geralmente, a transformação de um estado para outro envolve um relacionamento entre todas as variáveis. Assim, a relação generalizada é expressa pela fórmula:

$$P_1V_1/T_1 = P_2V_2/T_2$$

De acordo com essa relação, são conhecidas as três variáveis do gás. Por isso, se qualquer uma delas sofrer alteração, o efeito nas outras poderá ser previsto. A Figura 3 ilustra as transformações.

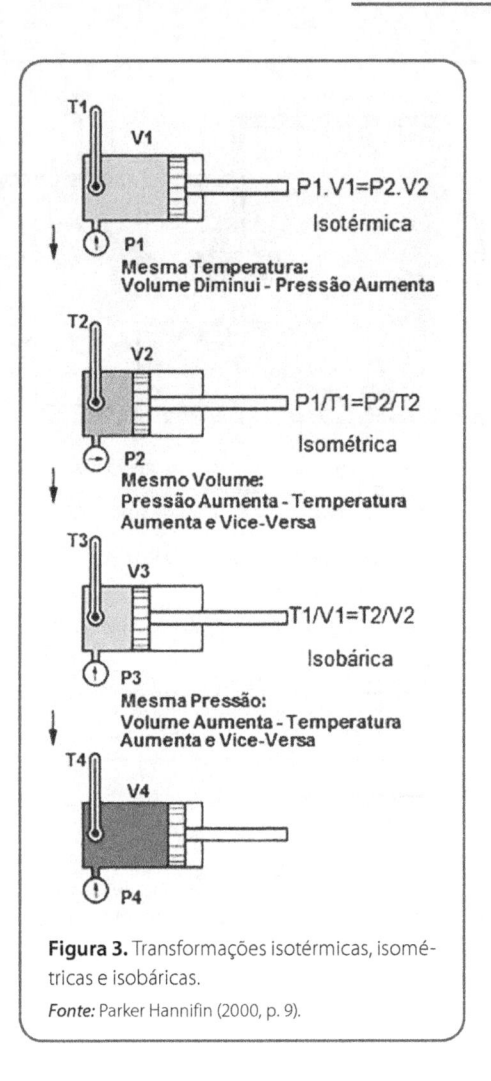

Figura 3. Transformações isotérmicas, isométricas e isobáricas.
Fonte: Parker Hannifin (2000, p. 9).

Princípio de Pascal

Segundo Parker Hannifin (2000), o ar é muito compressível sob ação de pequenas forças. Quando contido em um recipiente fechado, o ar exerce uma pressão igual sobre as paredes, em todos os sentidos. De acordo com Blaise Pascal, a pressão exercida em um líquido confinado em forma estática atua em todos os sentidos e direções com a mesma intensidade, exercendo forças iguais em áreas iguais. A Figura 4 ilustra o princípio de Pascal, muito utilizado na pneumática.

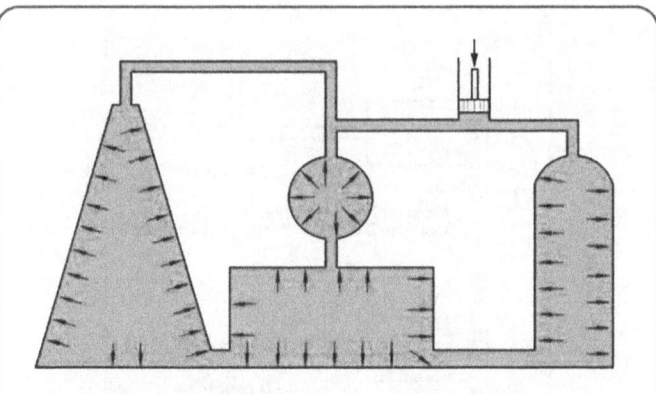

1 - Suponhamos um recipiente cheio de um líquido, o qual é praticamente incompressível;
2 - Se aplicarmos uma força de 10 Kgf num êmbolo de 1 cm² de área;
3 - O resultado será uma pressão de 10 Kgf/cm² nas paredes do recipiente.

Figura 4. Princípio de Pascal.
Fonte: Parker Hannifin (2000, p. 9).

Fique atento

A pressão atmosférica varia com a altitude, o que se reflete no ar mais rarefeito. Além disso, algumas variáveis físicas se alteram na altitude, como a temperatura de ebulição da água. Ao nível do mar, a temperatura de ebulição da água é 100 ºC, mas a 2.900 metros de altitude a água ferve a 90 ºC. A panela de pressão permite temperaturas maiores de cozimento, porque a um volume constante a temperatura é proporcional à pressão. Isso implica menores tempos de cozimento dos alimentos. A temperatura normal interna em uma panela de pressão é cerca de 200 ºC. O cozimento nas panelas normais sempre se dá a 100 ºC ao nível do mar.

Características dos sistemas pneumáticos

Segundo Dutra (2002), semelhante ao sistema hidráulico, o pneumático se caracteriza pela utilização de gás (geralmente ar) como fluido transmissor de energia, sendo que nesse sistema é a compressão do ar que faz a força do movimento dos pistões ou eixos. O ar é succionado para dentro de um compressor e, então, forçado através de tubulações e direcionado para diferentes ferramentas que cumprirão as suas funções operacionais.

O sistema pneumático é bastante empregado em equipamentos de uso manual e maquinários que realizam movimentos repetitivos. Sua principal característica é a expulsão do ar durante o uso. Portanto, o ar não é reutilizado como no caso do fluido no sistema hidráulico, ou seja, para que seja realizado mais trabalho, é preciso injetar mais ar. Outra característica importante da pneumática é a grande velocidade dos atuadores pneumáticos, pelo baixo atrito fluido do ar. Esse sistema também opera em baixos níveis de pressão, sendo seguro nas aplicações, e implica equipamentos de menores custos, mais leves e de fácil implementação nas linhas de montagem, oficinas e indústrias.

Cadeia de comando pneumático

Segundo Gomes (2018), o diagrama de blocos de uma cadeia de comando pneumático deve ser representado na disposição do fluxo de sinais, que é de baixo para cima. A alimentação é um fator importante e deve ser representada. É recomendável representar elementos necessários à alimentação na parte inferior e distribuir a energia. A Figura 5 ilustra os elementos de comando pneumático.

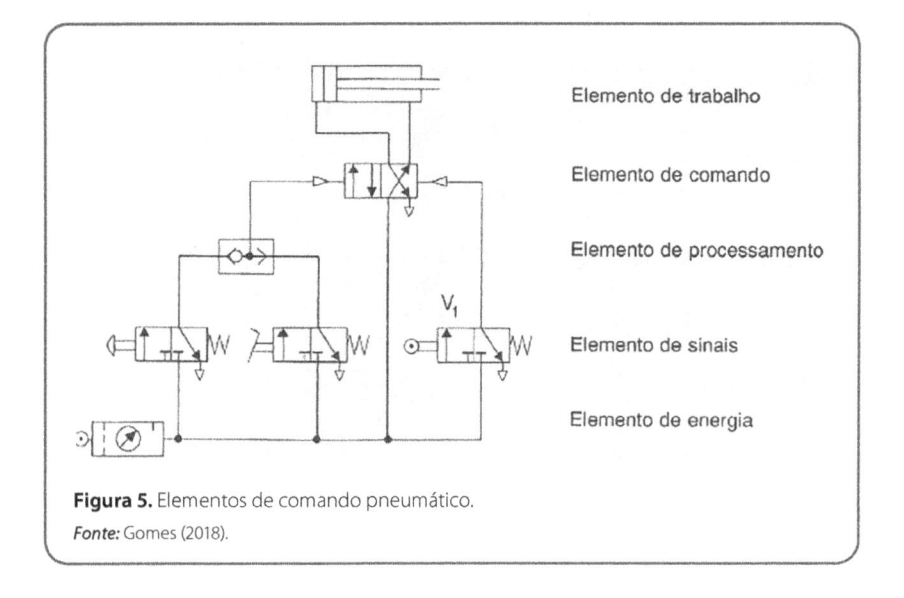

Figura 5. Elementos de comando pneumático.
Fonte: Gomes (2018).

A seguir, você pode conhecer melhor cada um dos elementos que aparecem na Figura 6.

- Elementos de energia — os compressores são máquinas destinadas a comprimir o ar até uma pressão de trabalho desejada.
- Elementos de distribuição — a rede de distribuição e a unidade de conservação (que é uma combinação de filtro de ar comprimido, regulador de ar comprimido e lubrificador de ar comprimido) disponibilizam o ar com qualidade ao local de uso.
- Elementos de sinais — as botoeiras e sensores são responsáveis por receber os comandos do operador.
- Elementos de processamento — são válvulas especiais formadas de componentes de memória, de lógica e temporizador.
- Elementos de comando — as válvulas pneumáticas servem para orientar os fluxos de ar, impor bloqueios, controlar suas intensidades de vazão ou pressão.
- Elementos de trabalho — a função dos atuadores pneumáticos é transformar a energia pneumática em movimento e força (esses movimentos podem ser lineares, rotativos ou oscilantes).

Na Figura 6, você pode observar que o elemento fim de curso V_1 é, na realidade, instalado no final do curso do cilindro. Entretanto, por se tratar de um "elemento de sinal", está representado na parte inferior do esquema.

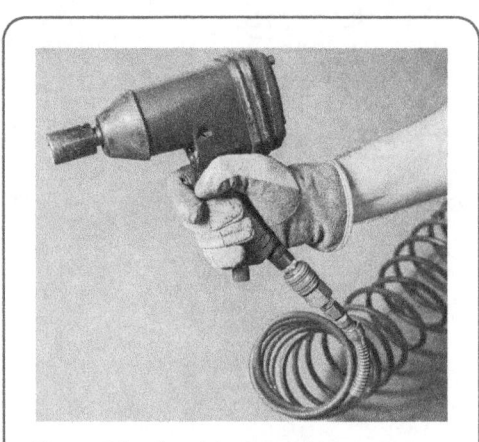

Figura 6. Parafusadeira pneumática.
Fonte: FotoDuets/Shutterstock.com.

Força nos atuadores pneumáticos

Segundo Dutra (2002), por definição, força é o produto da pressão pela área. Em um cilindro pneumático, a força de avanço é dada pelo produto da pressão multiplicada pela área do pistão:

$F = p \times Ap >$ a força é o produto da pressão pela área do pistão

A área do pistão é: $Ap = Pi \times Dp^2/4 = 0,785 \times Dp^2$
Onde:
Ap = área do pistão;
Dp = diâmetro do pistão;
Pi = constante (3,14).

Principais possibilidades de aplicação dos sistemas pneumáticos

Segundo Dutra (2002), as linhas de montagem costumam utilizar sistemas pneumáticos e equipamentos com cilindros, motores e osciladores, com válvulas direcionais, controle de vazão, pressão.

Outra área de utilização são as ferramentas pneumáticas, que atendem a uma ampla gama de ferramentas manuais, como: furadeiras, talhadeiras, britadeiras, martelos, parafusadeiras, entre outras. O sistema penumático é um sistema inteligente e atua em diferentes tipos de trabalhos, como: fixar, levantar, alimentar, lixar, rosquear, pulverizar, pintar, entre outros.

Ferramentas pneumáticas

Segundo Dutra (2002), a utilização das ferramentas pneumáticas acontece com mais frequência nas indústrias, mas elas também podem ser usadas em trabalhos manuais simples, como reparos em residências, automóveis, produtos eletrônicos e maquinários em geral. As ferramentas pneumáticas substituem a força humana em casos em que é necessária grande quantidade de pressão e energia, ou em casos de repetição contínua de movimento.

As vantagens que uma ferramenta pneumática apresenta em comparação às ferramentas manuais ou elétricas são inúmeras, mas você pode considerar: simplicidade, já que as ferramentas pneumáticas têm estrutura física mais simples do que as elétricas; durabilidade e vida útil maior, pois as ferramentas pneumáticas são mais robustas e apresentam menos falhas; custo-benefício, pelo serviço pesado que as ferramentas pneumáticas realizam e pelo tempo que duram; confiabilidade operacional, pois funcionam sob grandes variações de temperatura, temperaturas extremas (altas ou baixas), ambiente molhado e mesmo com vazamentos no produto; segurança, pois as vedações das ferramentas pneumáticas permitem o uso seguro mesmo em ambientes sujeitos a acidentes elétricos, incêndios, explosões e até debaixo d'água; e proteção contra sobrecarga. A Figura 6 mostra uma ferramenta pneumática.

Hidropneumática

Segundo Dutra (2002), os equipamentos hidropneumáticos reúnem a rapidez da pneumática com a precisão da hidráulica. Eles são desenvolvidos para alcançar grandes forças de atuação em aplicações de prensagens, rebarbações, dispositivos de fixação, usinagem, etc. Os principais equipamentos hidropneumáticos são cilindros *hidrocheck*, em que um cilindro hidráulico assiste o cilindro pneumático, permitindo velocidades constantes e paradas precisas.

Outro componente hidropneumático são os *boosters*. Trata-se da multiplicação de pressão de entrada (pneumática, em uma grande área) na saída (hidráulica, em uma pequena área) por meio da relação das áreas. A aplicação desses conjuntos elimina a utilização de unidades hidráulicas e equipamentos associados diretamente, simplificando instalações, manutenções e sistemas de segurança.

Principais características

- **Baixo consumo** — em comparação com o gasto elétrico das unidades hidráulicas, a redução de energia chega a 70% e também há eliminação da geração de calor.
- **Altas velocidades** — as velocidades de atuação desses sistemas são maiores que as dos sistemas hidráulicos, comparáveis com sistemas puramente pneumáticos.
- **Acionamentos** — esses sistemas são compactos, têm simples instalação e simplíssima manutenção, utilizam ar comprimido como energia de força e painel de acionamento eletropneumático ou totalmente pneumático.

- **Frequência de força** — podem ser atingidas altas frequências de forças mecânicas, pois se tratam de sistemas curtos sem defeitos relacionados a sobrecarga.
- **Ajuste de força e velocidade** — esses sistemas podem ser facilmente controlados e ajustados, não necessitando de grandes investimentos (tudo pneumático).

Tecnologia do vácuo

Segundo Dutra (2002), o vácuo é a pressão menor que a pressão atmosférica. Para usar um canudo, por exemplo, é necessário succionar o líquido, fazendo uma pressão de vácuo. A produção do vácuo se dá com geradores de vácuo, componentes especiais para essa finalidade.

As aplicações do vácuo são muitas. Na tecnologia moderna, grande parte dos produtos tem de uma ou outra forma a influência de processos em que há necessidade de se fazer algum tipo de vácuo. Em embalagens, o vácuo é importante para aumentar a vida útil de um alimento, como café, por exemplo.

Na indústria, o vácuo pode ser utilizado com ventosas para transporte de peças planas, como chapas, vidros, etc. A indústria automobilística utiliza muito o vácuo para montagem dos vidros e movimentação de chapas metálicas. A Figura 7 ilustra um equipamento robotizado utilizando vácuo.

Figura 7. Equipamento movimentador robotizado utilizando vácuo.
Fonte: Bork/Schutterstock.com.

Exemplo de utilização de sistemas pneumáticos

Para que você compreenda a utilização de sistemas pneumáticos, vai ver a seguir uma aplicação de um equipamento movimentador e posicionador de pilha de painéis (HESSE, 2001). Nesse equipamento, existe um mecanismo de acionamento do elevador elétrico da pilha, com sensoreamento de posição, sincronizado por Controlador Lógico Programável (CLP). Ao centro, existe um mecanismo giratório pneumático que transporta por giro os painéis da pilha para a esteira de produção. O acionamento vertical do mecanismo giratório é feito por um cilindro vertical pneumático.

A Figura 8 ilustra o equipamento posicionador e movimentador de pilha de painéis.

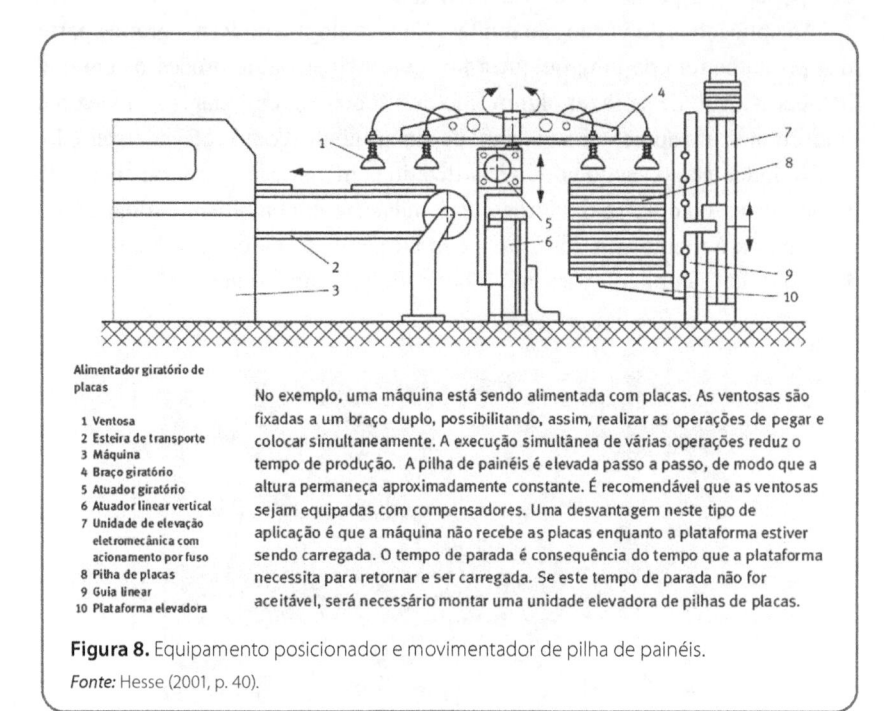

Alimentador giratório de placas

1 Ventosa
2 Esteira de transporte
3 Máquina
4 Braço giratório
5 Atuador giratório
6 Atuador linear vertical
7 Unidade de elevação eletromecânica com acionamento por fuso
8 Pilha de placas
9 Guia linear
10 Plataforma elevadora

No exemplo, uma máquina está sendo alimentada com placas. As ventosas são fixadas a um braço duplo, possibilitando, assim, realizar as operações de pegar e colocar simultaneamente. A execução simultânea de várias operações reduz o tempo de produção. A pilha de painéis é elevada passo a passo, de modo que a altura permaneça aproximadamente constante. É recomendável que as ventosas sejam equipadas com compensadores. Uma desvantagem neste tipo de aplicação é que a máquina não recebe as placas enquanto a plataforma estiver sendo carregada. O tempo de parada é consequência do tempo que a plataforma necessita para retornar e ser carregada. Se este tempo de parada não for aceitável, será necessário montar uma unidade elevadora de pilhas de placas.

Figura 8. Equipamento posicionador e movimentador de pilha de painéis.
Fonte: Hesse (2001, p. 40).

Exemplo

Em uma borracharia, o tempo de montagem e desmontagem das rodas dos veículos é importante para o profissional e a sua produtividade. A utilização de uma chave mecânica implica perda considerável de tempo e força muscular bruta, podendo ocasionar fadiga. Com uma parafusadeira pneumática, essa tarefa fica mais fácil porque o instrumento tem alto torque, executando em segundos a operação em cada porca, tanto para aparafusar como para desaparafusar. Em uma competição de Fórmula 1, isso é ainda mais crítico! Nesse caso, os fabricantes de carros de Fórmula 1 usam apenas uma porca de grande tamanho e utilizam uma parafusadeira de alto torque. A operação de troca de pneus leva poucos segundos.

Exercícios

1. Em uma transformação isométrica (volume constante), temos que $P_1/T_1 = P_2/T_2$. Na temperatura ambiente T_1 de 27 °C e pressão atmosférica de 1 bar (100 Kpa), se a pressão se elevar para 2 bar (200 Kpa), qual a temperatura final?
   a) 127 °C.
   b) 327 °C.
   c) 227 °C.
   d) 300 °C.
   e) 180 °C.

2. A panela de pressão opera a um volume constante. Qual é o nome dessa transformação?
   a) Isométrica.
   b) Isobárica.
   c) Isotérmica.
   d) Adiabática.
   e) Isocórica.

3. Como é chamado o princípio que afirma que a pressão exercida em um líquido confinado em forma estática atua em todos os sentidos e direções com a mesma intensidade, exercendo forças iguais em áreas iguais?
   a) Princípio de Stevin.
   b) Princípio da continuidade.
   c) Princípio de Pascal.
   d) Princípio de Bernouli.
   e) Princípio de Arquimedes.

4. Na cadeia de comando pneumático, quais são os elementos que fazem o comando dos atuadores?
   a) Elementos de energia (compressor).
   b) Elementos de sinais.
   c) Elementos de trabalho.
   d) Elementos de processamento.
   e) Válvulas direcionais.

5. Considere um cilindro pneumático de diâmetro 10 cm a uma pressão de 8 kg/cm². Sabendo que a força é o produto da pressão pela área, qual é a força que esse cilindro pneumático pode exercer?
   a) 80 kg.
   b) 78,5 kg.
   c) 785 kg.
   d) 7.850 kg.
   e) 800 kg.

Referências

DUTRA, E. S. *Notas de aula:* pneumática. Caxias do Sul: SENAI, 2002.

GOMES, S. R. Introdução à pneumática. *Eletropneumática e Eletro-hidráulica*, 2015. Disponível em: <http://eletropneumaticaeeletrohidraulica.blogspot.com/2016/02/aula-07-introducao-pneumatica.html>. Acesso em: 1 jul. 2018.

HESSE, S. 99 exemplos de aplicações pneumáticas. *Festo*, 2001. Disponível em: <http://www.festo-didactic.com/br-pt/area-de-download/exercicios/99-aplicacoes-pneumaticas/?fbid=YnIucHQuNTM3LjIzLjEwLjU0MDUuMzQ5OQ>. Acesso em: 1 jul. 2018.

PARKER HANNIFIN. *Tecnologia pneumática industrial:* apostila M1001 BR. Jacareí: Parker, 2000. Disponível em: <https://www.parker.com/literature/Brazil/apostila_M1001_1_BR.pdf>. Acesso em: 27 jun. 2018.

Leituras recomendadas

BOLTON, W. *Mecatrônica:* uma abordagem multidisciplinar. 4. ed. Porto Alegre: Bookman, 2010.

BONACORSO, N. G.; NOLL, V. *Automação eletropneumática*. 11. ed. São José dos Campos: Érica, 2004.

FIALHO, A. B. *Automação pneumática*: projetos, dimensionamento e análise de circuitos. São José dos Campos: Érica, 2003.

LINSINGEN, I. V. *Fundamentos de sistemas hidráulicos*. Florianópolis: UFSC, 2001.

LUGLI, A. B.; SANTOS, M. M. D. *Redes industriais para automação industrial*: AS-I, PROFIBUS e PROFINET. São José dos Campos: Érica, 2010.

PAVANI, S. A. *Comandos pneumáticos e hidráulicos*. 3. ed. Santa Maria: UFSM, 2010.

PRUDENTE, F. *Automação industrial:* programação e instalação. Rio de Janeiro: GEN, 2010.

STEWART, H. L. *Pneumática & hidráulica*. 4. ed. São Paulo: Hemus, 2013.

UNIDADE 3

Geração de ar comprimido

Objetivos de aprendizagem

Ao final deste texto, você deve apresentar os seguintes aprendizados:

- Explicar o que é ar comprimido.
- Identificar os compressores de ar.
- Reconhecer os princípios de geração e distribuição de ar comprimido.

Introdução

O ar comprimido é uma forma de energia fluida muito utilizada nas empresas para acionamento de equipamentos e ferramentas pneumáticas, permitindo altas velocidades de acionamento com baixo custo. Hoje o ar comprimido tornou-se indispensável para a automação industrial, uma vez que permite maior produtividade, liberando o homem de tarefas repetitivas.

Neste capítulo, você vai conhecer os conceitos de ar comprimido e de compressores e vai estudar os princípios de geração e transmissão do ar comprimido. O compressor de ar é um equipamento que consegue captar o ar que está no ambiente, armazená-lo sob alta pressão em um reservatório próprio e transformá-lo em ar comprimido. Ele tem funcionamento similar a uma bomba de enchimento de pneus ou balões e necessitam de reservatório para armazenamento de ar, filtros para retirar impurezas e secadores para retirar a umidade residual. Além disso, esses equipamentos ainda necessitam de uma unidade de condicionamento de ar (lubrefil), que filtra localmente, retira a umidade, regula a pressão e pode ainda lubrificar o ar capturado.

Ar comprimido

Segundo Agostini (2008), o ar comprimido provavelmente é uma das mais antigas formas de transmissão de energia que o homem conhece, empregada e aproveitada para ampliar a sua capacidade física. O reconhecimento da existência física do ar, bem como a sua utilização mais ou menos consciente para o trabalho, é comprovado há milhares de anos.

A introdução da pneumática de forma mais generalizada na indústria começou com a necessidade de cada vez maior de automatização e racionalização dos processos de trabalho. Apesar de sua rejeição inicial quase sempre proveniente da falta de conhecimento e instrução, ela foi aceita, e o número de campos de aplicação tornou-se cada vez maior.

Hoje o ar comprimido tornou-se indispensável para a automação industrial, tendo como objetivo retirar do homem as funções de comando e regulação, conservando apenas as de controle. Um processo é considerado automatizado quando é executado sem a intervenção do homem, sempre do mesmo modo e com o mesmo resultado.

Pressão manométrica

Trata-seda pressão medida por meio de um manômetro e indica a pressão relativa (Pe), isto é, a pressão em relação à pressão atmosférica existente no local. Portanto, em termos de pressão absoluta, é necessário somar mais uma atmosfera (1 atm) ao valor indicado no manômetro. Veja a Figura 1.

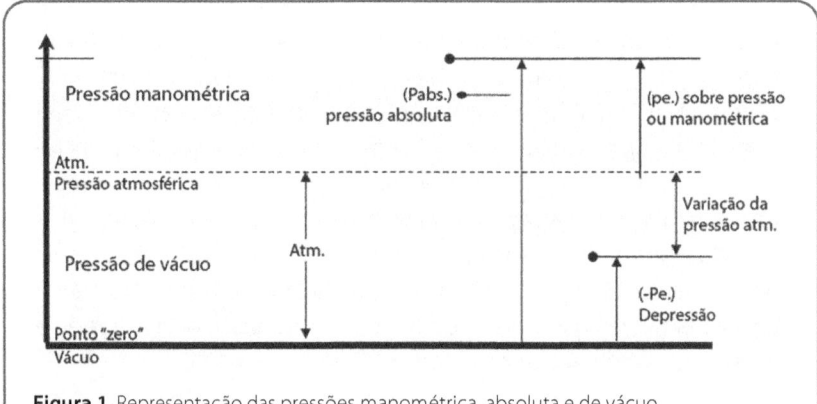

Figura 1. Representação das pressões manométrica, absoluta e de vácuo.
Fonte: Agostini (2008, p. 2).

As unidades de pressão mais utilizadas são atm., bar, kgf/cm², kp/cm² e psi/(lb/pol²). Para cálculos aproximados, consideramos 1 atm. = 1,013 bar = 1 kgf/cm² = 14,7 psi. Para o estudo dos gases:

- utiliza-se com frequência a pressão absoluta, indicada em (Pabs);
- utiliza-se a temperatura em Kelvin, na escala também conhecida como escala de temperatura absoluta.

As escalas de temperatura mais usadas são Celsius (°C) com 100 divisões, Kelvin (K) com 100 divisões e Fahrenheit (°F) com 180 divisões. Veja a Figura 2.

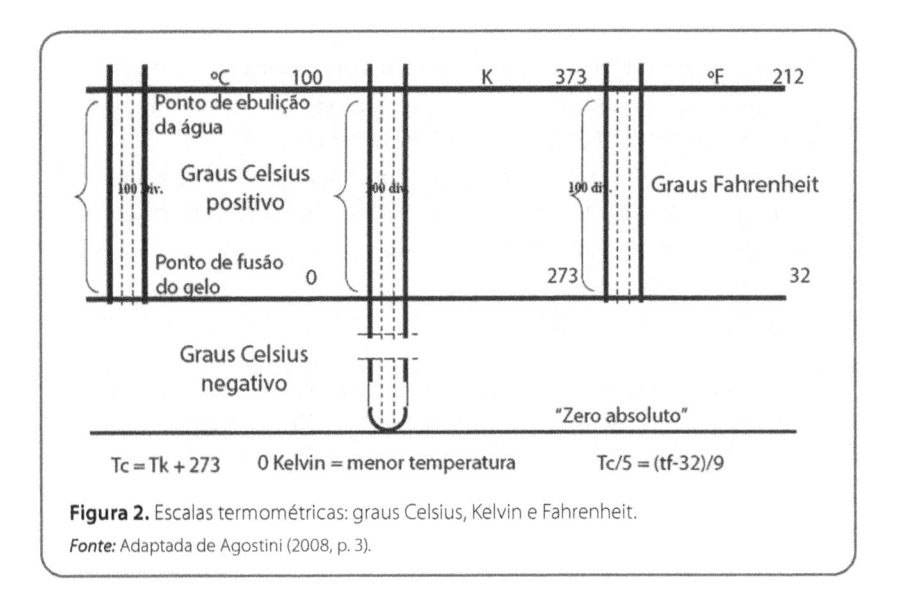

Figura 2. Escalas termométricas: graus Celsius, Kelvin e Fahrenheit.
Fonte: Adaptada de Agostini (2008, p. 3).

Características do ar comprimido

De acordo com Agostini (2008), uma característica do ar é a sua coesão mínima, isto é, as forças entre as moléculas, em pneumática, geralmente devem ser desconsideradas para condições operacionais. Como todos os gases, o ar não possui uma forma particular. A sua forma se altera sem a menor resistência, ou seja, ele assume a forma conforme o que está à sua volta.

- **Quantidade:** o ar a ser comprimido é encontrado em quantidade ilimitada na atmosfera.

- **Transporte:** o ar comprimido é facilmente transportável por tubulações, mesmo para distâncias consideravelmente grandes. Não há necessidade de se preocupar com o retorno do ar.
- **Armazenamento:** o ar pode ser sempre armazenado em um reservatório e, posteriormente, ser utilizado ou transportado.
- **Temperatura:** o trabalho realizado com o ar comprimido é insensível às oscilações de temperatura. Isso garante um funcionamento seguro em situações extremas.
- **Segurança:** não existe o perigo de explosão ou de incêndio. Portanto, não são necessárias custosas proteções contra explosões.
- **Velocidade:** o ar comprimido, devido à sua baixa viscosidade, é um meio de transmissão de energia muito veloz.
- **Preparação:** o ar comprimido requer boa preparação. Impurezas e umidade devem ser evitadas, pois provocam desgaste nos elementos pneumáticos.
- **Limpeza:** o ar comprimido é limpo, mas o ar de exaustão dos componentes libera óleo pulverizado na atmosfera.
- **Custo:** a produção de ar comprimido é onerosa. Estima-se que 1 kW de ar comprimido necessita de 10 kW de energia. Vazamentos na linha implicam altos gastos energéticos.

Grandezas pneumáticas

A pressão é uma variável muito usada na pneumática e é importante conceituar os seus vários tipos. Vamos iniciar pela definição física de pressão. Conforme Dutra (2002), temos a definição da pressão como o quociente entre força aplicada pela unidade de área:

$$P = F/A \text{ (Pressão: força exercida por unidade de área)}$$

P = pressão
F = força
A = área

Pressão manométrica: é a pressão registrada nos manômetros.

Pressão atmosférica: é o peso da coluna de ar da atmosfera em 1 cm^2 de área. A pressão atmosférica varia com a altitude, pois em grandes alturas a massa de ar é menor do que ao nível do mar. No nível do mar, a pressão atmosférica é considerada 1 atm. (1,033 kgf/cm^2).

Pressão absoluta: é a soma da pressão manométrica com a pressão atmosférica. Quando representamos a pressão absoluta, acrescentamos o símbolo (a) após a unidade (p. ex. psi, kgf/cm²).

Unidades de pressão:
Sistema internacional: 1 Pa = 1 N/m².
Unidade métrica: kgf/cm², atm., bar.
Unidade inglesa: psi (*Pounds per Square Inches*), lb/pol²— onde 1 kg/cm² = 14,7 psi (lb/pol²).

Assim como a pressão, vazão é outra importante variável utilizada na pneumática, já que exprime o volume deslocado (de ar comprimido) por unidade de tempo. Veja a seguir.

$$Q = V/t$$

Onde:
Q = vazão
V = volume deslocado
t = tempo

Unidades de vazão:
L/s: litros por segundo.
L/min: litros por minuto.
m³/min: metros cúbicos por minuto.
m³/h: metros cúbicos por hora.
pcm: pés cúbicos por minuto — onde 1 pcm = 28,32 L/min.

Fique atento

É bastante usual que se escolha o equipamento de produção e distribuição de ar comprimido mais barato, sem levar em conta que, em um curto período de tempo, essa escolha custará caro. A vazão necessária e a pressão de trabalho são os primeiros parâmetros a se ter em conta, sem se esquecer de uma reserva para ampliações de médio prazo.

Isso também é válido para o dimensionamento das tubulações: um acréscimo de 10% no diâmetro calculado diminui 32% a perda de carga dessa tubulação. O local onde o compressor será instalado também é de suma importância.

Compressores de ar

Segundo Ageradora (2017), quando falamos de um compressor de ar, falamos de um **equipamento pneumático** que consegue captar o ar que está no ambiente, armazená-lo sob alta pressão em um reservatório próprio e transformá-lo em ar comprimido. Esse equipamento pode ser utilizado para diversos tipos de atividades, e as suas características físicas podem variar de acordo com a função a ser desempenhada. Um compressor tem funcionamento similar a uma bomba de enchimento de pneus ou balões. Em geral, podemos fazer a seguinte distinção:

- compressores de ar para serviços gerais;
- compressores de ar para sistemas industriais;
- compressores de gás ou de processo;
- compressores de refrigeração;
- compressores para serviços de vácuo.

Vamos tomar como exemplo os **compressores de ar para sistemas industriais**. Eles são concebidos para fornecer suprimento de ar em unidades industriais e, embora sejam maiores e mais caros, o seu funcionamento básico permanece o mesmo dos demais modelos. A operação consiste basicamente em adequar pressão e vazão às necessidades da planta.

Link

No link ou código a seguir, você tem acesso a um vídeo sobre tipos de compressores.

https://goo.gl/PNVBK9

Compressor de ar industrial

Quando falamos de compressores de ar para uso industrial, há dois princípios nos quais eles podem se basear: volumétrico e dinâmico. Veja agora qual é a diferença entre ambos.

Nos chamados **compressores de ar volumétricos**, também conhecidos como compressores de deslocamento positivo, a elevação da pressão é obtida por meio da redução do volume ocupado pelo gás. Assim, cada sistema tem um tipo específico de funcionamento.

Compressores volumétricos são do tipo alternado: um ou mais pistões aspiram o ar atmosférico para comprimi-lo em um reservatório, de forma que ele será utilizado quando necessário. Compressores de deslocamento positivo aplicam o sistema conhecido como parafuso, no qual o volume de ar ou gás é progressivamente reduzido ao longo do comprimento do parafuso, causando o aumento da pressão. Esse sistema aumenta a vida útil dos componentes internos, além de promover uma melhor vedação e eficiência volumétrica.

Já os **compressores de ar dinâmicos** são também conhecidos por turbocompressores. A elevação da pressão é obtida por meio de conversão de energia cinética em energia de pressão, durante a passagem do ar através do compressor. O ar admitido é colocado em contato com impulsores (rotores laminados) dotados de alta velocidade. Esse ar é acelerado, atingindo velocidades elevadas; consequentemente, os impulsores transmitem energia cinética ao ar. A seguir, o seu escoamento é retardado por meio de difusores, obrigando uma elevação na pressão. A Figura 3 ilustra um compressor industrial para a produção de ar comprimido.

Figura 3. Compressores de ar de uso industrial.
Fonte: HacKLeR/Shutterstock.com.

De acordo com Croser e Ebel (2002), a seleção a partir de diversos tipos de compressores disponíveis depende da quantidade, qualidade e limpeza do ar, bem como o quão seco ele deve ser. Há níveis variáveis desses critérios, dependendo do tipo de compressor. Compressores dinâmicos são utilizados para vazões e pressões elevadas. No âmbito industrial, são utilizados compressores volumétricos rotativos ou alternativos. Como exemplo de rotativos, temos os compressores de parafusos; nos alternativos, temos os compressores de pistões. A Figura 4 ilustra a classificação dos compressores.

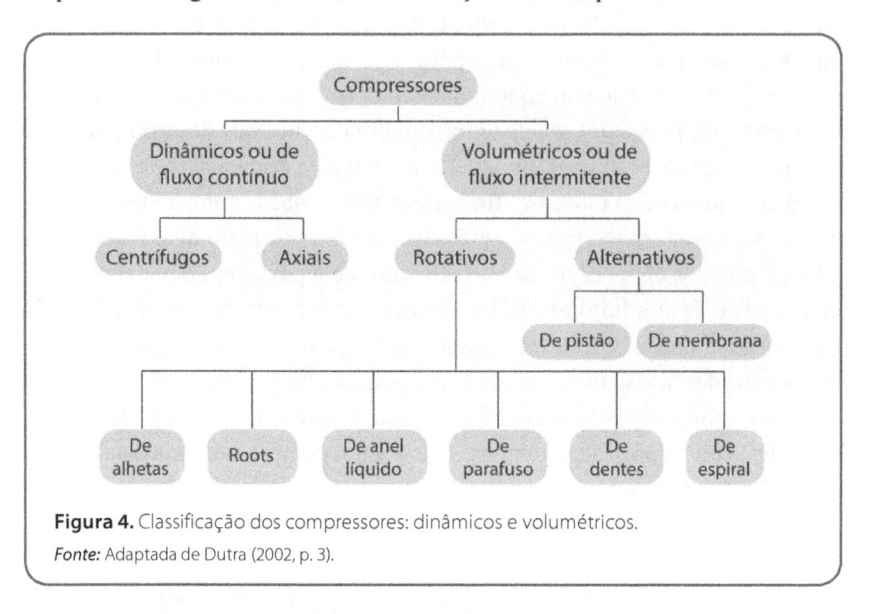

Figura 4. Classificação dos compressores: dinâmicos e volumétricos.
Fonte: Adaptada de Dutra (2002, p. 3).

Princípios de geração e distribuição de ar comprimido

Preparação de ar

Croser e Ebel (2002) afirmam que, para o desempenho contínuo de sistemas de controle e elementos de trabalho, é necessário garantir que o fornecimento de ar esteja na pressão necessária, seco e limpo. Se essas condições não forem completamente atendidas, então a degeneração de curto e médio prazo do sistema será acelerada. O efeito é uma parada no maquinário, além dos custos aumentados com o reparo ou a substituição de peças.

A geração de ar comprimido se inicia com a compressão. O ar comprimido flui por toda uma série de componentes, antes de atingir o dispositivo de consumo. O tipo de compressor e a sua localização afetam, em um grau menor ou maior, a quantidade de partículas de sujeira, óleo e água, as quais adentram um sistema pneumático. A Figura 5 ilustra um sistema de produção e distribuição de ar comprimido.

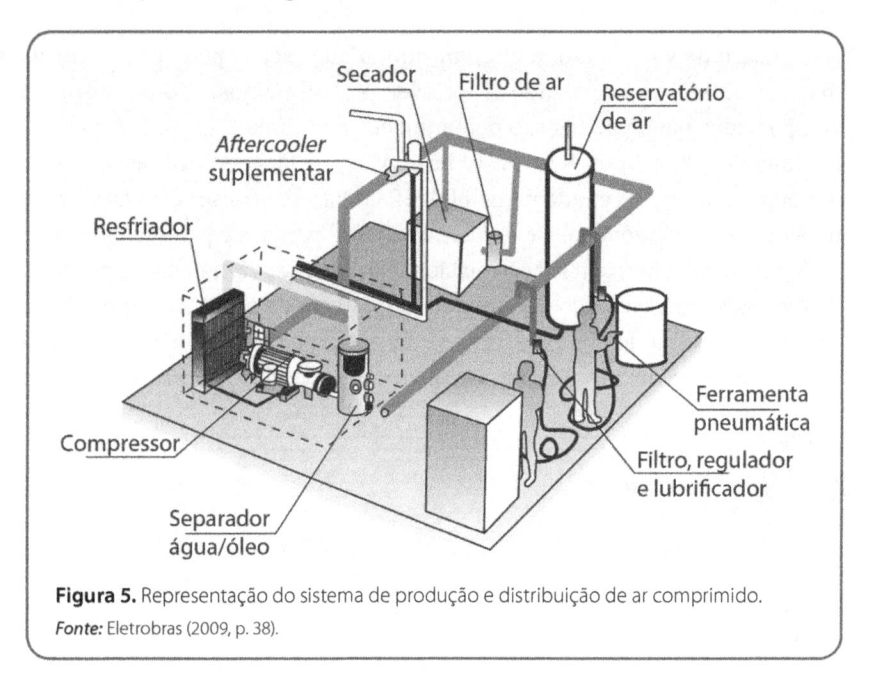

Figura 5. Representação do sistema de produção e distribuição de ar comprimido.
Fonte: Eletrobras (2009, p. 38).

O equipamento a ser considerado na geração e preparação de ar inclui os itens descritos a seguir.

- **Filtro de entrada:** elimina impurezas do ar atmosférico na entrada do compressor.
- **Compressor de ar:** comprime o ar para utilização dos equipamentos pneumáticos.
- **Reservatório de ar:** armazena o ar comprimido e favorece a precipitação da umidade (condensado).
- **Secador de ar:** retira a umidade residual do ar comprimido.
- **Filtro de ar com separador de água:** executa filtragem adicional do ar comprimido.
- **Regulador de pressão:** regula a pressão de trabalho do equipamento segundo o fabricante.
- **Lubrificador de ar, conforme solicitado:** acrescenta óleo para a lubrificação dos componentes pneumáticos, quando necessário. Muitos equipamentos pneumáticos não necessitam de lubrificação.

- **Pontos de drenagem:** retiram o condensado residual das tubulações de ar comprimido (purgadores).

No caso de vazamento, o ar comprimido que escapa pode prejudicar os materiais a serem processados (por exemplo, alimentos). Como regra, os componentes pneumáticos são denominados para uma pressão operacional máxima de 800 a 1.000 KPa (8–10 bar). A experiência prática demonstrou, entretanto, que aproximadamente 600 KPa (6bar) devem ser utilizados para uma operação econômica. Devem ser esperadas perdas de pressão entre 10 e 50 KPa (0,1 e 0,5 bar), em função de bloqueios, dobras, vazamentos e percurso da tubulação, dependendo do tamanho do sistema de canos e do método do *layout*. O sistema do compressor deve fornecer pelo menos 650 a 700 KPa (6,5 – 7 bar) para um nível de pressão operacional desejado de 600 KPa (6 bar).

Exemplo

A partir da captação da atmosfera, o processo de compressão envolve motores elétricos, secadores, perdas na linha, etc. Para evitar desperdícios, mudanças comportamentais dos colaboradores nas empresas podem ser obtidas por meio de seminários, treinamentos, semanas de conservação de energia e formas de incentivo, entre outros.

Alguns comportamentos típicos que causam desperdício, bem como alguns cuidados, são apresentados a seguir, para maior eficiência energética no uso do ar comprimido.
- O hábito de limpar o uniforme e o corpo com ar comprimido no final da jornada de trabalho, além de dispendioso, é perigoso, já que limalhas e outros resíduos podem ser absorvidos pela pele, causando infecções.
- Para a limpeza de objetos e bancadas de trabalho com ar comprimido, onde é essencial, como em moldes, utiliza-se ar comprimido à pressão de 2 a 3 bar, e nunca o ar da linha principal.
- Os processos devem ser adequados, para que o custo de geração de ar comprimido seja reduzido.
- Todo calor gerado deve ser retirado o mais rápido possível do ambiente onde se encontra o compressor, mantendo-o mais arejado possível.
- Os vazamentos de ar comprimido devem ser eliminados assim que detectados, tanto na rede de distribuição como nos equipamentos, reduzindo as perdas a um mínimo aceitável.
- O ar captado para compressão deve ser o mais frio possível, devendo ser captado externamente por dutos, quando necessário.
- Se economicamente viável, é válido instalar uma rede secundária de ar comprimido com pressão mais elevada ou reduzida, para os poucos equipamentos com necessidades diferenciadas.

Exercícios

1. A pressão indicada nos instrumentos medidores de pressão é denominada:
a) absoluta.
b) vácuo.
c) manométrica.
d) diferencial.
e) depressão.

2. O manual do automóvel indica uma pressão de calibragem dos pneus de 2 kg/cm². Em um posto de gasolina, o equipamento para encher pneus mostra utiliza a unidade psi (libras por polegada quadrada). Qual a medida correspondente?
a) 14,7 psi.
b) 19,4 psi.
c) 24,7 psi.
d) 29,4 psi.
e) 32 psi.

3. Um fabricante de compressores para enchimento de pneus automotivos 12 V (China) afirma que a vazão do compressor é de 25 L/min. No entanto, encher uma bola infantil de 12 litros de volume demorou 90 segundos. Qual a real vazão do compressor em L/min?
a) 5 L/min.
b) 8 L/min.
c) 18 L/min.
d) 20 L/min.
e) 24 L/min.

4. Um compressor tem a sua vazão expressa em 7,2 pcm (pés cúbicos por minuto). Qual é a vazão em L/min, sabendo que 1 pcm é igual a 28,32 L/min?
a) 104 L/min.
b) 204 L/min.
c) 224 L/min.
d) 234 L/min.
e) 254 L/min.

5. O equipamento a ser considerado na geração e preparação de ar inclui, na ordem correta de instalação:
a) filtro de ar, compressor, reservatório, secador, regulador de pressão, lubrificador.
b) compressor, reservatório, regulador de pressão, secador, filtro de ar, lubrificador.
c) filtro de ar, reservatório, compressor, secador, lubrificador, regulador de pressão.
d) filtro de ar, compressor, regulador de pressão, lubrificador, reservatório, secador.
e) compressor, filtro de ar, reservatório, secador, regulador de pressão, lubrificador.

Referências

AGERADORA. *Como funciona um compressor industrial.* 2017. Disponível em: <https://www.ageradora.com.br/como-funciona-um-compressor-de-ar-industrial/>. Acesso em: 16 jul. 2018.

AGOSTINI, N. *Sistemas pneumáticos industriais:* notas de aula. Rio do Sul: [s.n.], 2008. Disponível em: <https://www.sibratec.ind.br/binario/203/Sistemas%20pneum%23U00dfticos.pdf>. Acesso em: 16 jul. 2018.

CROSER, P.; EBEL, P. *Pneumática nível básico.* Denkendorf: Festo Didactic GmbH, 2002.

DUTRA, E.S. *Notas de aula:* pneumática. Caxias do Sul: SENAI, 2002.

ELETROBRAS. Programa Nacional de Conservação de Energia Elétrica. *Compressores:* guia básico. Brasília: IEL/NC, 2009.

Leituras recomendadas

BOLTON, W. *Mecatrônica:* uma abordagem multidisciplinar. 4. ed. Porto Alegre: Bookman, 2010.

FRIGOCENTER. Tipos de compressor. *Youtube,* nov. 2017. Disponível em: <https://www.youtube.com/watch?v=zG9bwTzf0a4>. Acesso em: 16 jul. 2018.

LINSINGEN, I. V. *Fundamentos de sistemas hidráulicos.* Florianópolis: UFSC, 2001.

LUGLI, A. B.; SANTOS, M. M. D. *Redes industriais para automação industrial:* AS-I, PROFIBUS e PROFINET. São Paulo: Érica, 2010.

PARKER TRAINING. *Tecnologia pneumática industrial:* apostila M1001-1 BR. Jacareí: PARKER, [2000]. Disponível em: <https://www.parker.com/literature/Brazil/apostila_M1001_1_BR.pdf>. Acesso em: 16 jul. 2018.

PAVANI, S. A. *Comandos pneumáticos e hidráulicos.* 3. ed. Santa Maria: UFSM, 2010.

PRUDENTE, F. *Automação industrial:* programação e instalação. Rio de Janeiro: GEN, 2010.

STEWART, H. L. *Pneumática & hidráulica.* 4. ed. São Paulo: Hemus, 2013.

Especificação de compressores e distribuição de ar comprimido

Objetivos de aprendizagem

Ao final deste texto, você deve apresentar os seguintes aprendizados:

- Identificar os diferentes tipos de compressores e as suas especificidades.
- Reconhecer o funcionamento da distribuição de ar comprimido.
- Determinar o compressor adequado para cada tipo de rede de distribuição de ar comprimido.

Introdução

A produção, o armazenamento e o condicionamento de ar comprimido são muito importantes em sistemas pneumáticos. Do mesmo modo, também é muito importante o correto dimensionamento dos compressores e da rede de distribuição de ar, que deve apresentar baixas perdas de pressão e vazão de ar comprimido.

Neste capítulo, você vai aprender a reconhecer os diferentes tipos de compressores, bem como as suas especificidades. Além disso, vai aprender como funciona a distribuição do ar comprimido e como escolher o compressor mais adequado às necessidades de cada rede.

Diferentes tipos de compressores e suas especificidades

Segundo o fabricante Ageradora (2017), se quanto à concepção há apenas dois tipos de compressores (dinâmicos e volumétricos), quanto à função há pelo menos três modelos que merecem a nossa atenção. Eles são os seguintes: compressores de êmbolo, rotativos e turbo. Você vai entender a seguir um pouco mais sobre cada um deles.

Compressores de êmbolo

Entre os compressores de êmbolo, temos pelo menos três outros modelos. O mais comum é o compressor de pistão, o qual contém um êmbolo que produz movimento linear. Ele é apropriado para todos os tipos de pressão e muito utilizado para pequenas empresas, em função de seus menores custos operacionais e de manutenção.

Outra alternativa é o **compressor de pistão de dois ou mais estágios**, que consegue comprimir o ar com pressões mais elevadas sem muito esforço. Contudo, esses modelos precisam de um sistema de refrigeração para eliminar o calor gerado. É utilizado quando é necessária uma pressão maior.

Por fim, temos ainda os **compressores de membrana**, que funcionam de forma similar aos compressores de pistão, mas nesse caso o ar não entra em contato com as partes móveis. Isso permite, por exemplo, que o ar não se contamine com os resíduos de óleo. Por conta disso, esses modelos são amplamente utilizados em indústrias farmacêuticas e alimentícias, bem como por dentistas.

Compressores rotativos

Novamente, entre os compressores rotativos, temos três modelos distintos. O primeiro deles é o **compressor rotativo multicelular**. Nesse caso, a pressão é gerada pelo giro de um rotor com palhetas, alojado de forma excêntrica. As vantagens desse sistema são a pressão contínua e o baixo ruído.

O segundo modelo é o chamado **compressor duplo parafuso**, que, com dois parafusos helicoidais de perfis côncavo e convexo, comprimem o ar e o conduzem de forma axial. Esse tipo de compressor é o mais utilizado nas indústrias, em função da grande produção de ar, do nível de pressão, da produção de ar sem pulsação e do bom rendimento. O último modelo é o **compressor do tipo roots**. Nesse caso, o ar é transportado de um lado para outro sem que haja alteração do volume, uma vez que a compressão é feita no canto dos êmbolos.

Turbocompressores

Encerrando a lista de compressores quanto à função, temos duas espécies de turbocompressores: o axial e o radial. Nos **compressores axiais**, a compressão é feita por meio da aceleração do ar aspirado, baseando-se em energia do movimento, que é transformada em energia de pressão.

Já nos **compressores radiais**, o ar é impelido para as paredes da câmara, depois em direção ao eixo, e somente aí no sentido radial para a outra câmara, em direção à saída. O Quadro 1 ilustra os compressores.

Quadro 1. Tipos de compressores, diagrama funcional, pressão e vazão máxima

Tipo	Símbolo	Diagrama funcional	Pressão [bar]	Vol. do fluxo [m³/h]
Compressor de pistão tronco			10 (1 fase) 35 (2 fases)	120 600
Compressor de cabeçote cruzado			10 (1 fase) 35 (2 fases)	120 600
Compressor de diafragma			Baixa	Pequeno
Compressor sem pistão			Uso ilimitado como gerador de gás	
Compressor de palhetas			16	4.500
Compressor de anel líquido			10	
Compressor de parafuso			22	750
Compressor de lóbulos ou roots			1,6	1.200
Compressor de fluxo axial			10	200.000
Compressor de fluxo radial			10	200.000

Fonte: Adaptado de Hidrofélix Instalações Hidráulicas (2013).

Distribuição de ar comprimido

Reservatórios

Segundo Croser e Ebel (2002), um reservatório é configurado como acessório de um compressor, para estabilizar o ar comprimido. Um reservatório compensa as flutuações de pressão quando o ar comprimido está sendo retirado do sistema. Se a pressão no reservatório cair abaixo de determinado valor, o compressor vai compensar até que o valor mais alto definido seja atingido novamente. Essa é uma vantagem, uma vez que o compressor não precisa operar continuamente. A grande área de superfície do reservatório resfria o ar. Dessa maneira, uma parte da umidade do ar é separada diretamente no reservatório na forma de água, a qual deve ser eliminada regularmente por meio de um dreno. O tamanho do reservatório de ar comprimido depende dos seguintes critérios:

- volume de produção do compressor;
- consumo de ar nas operações realizadas;
- tamanho da rede (quaisquer necessidades adicionais);
- tipo de regulagem de ciclo do compressor;
- queda de pressão permissível na rede de fornecimento.

Secadores de ar

O condensado (água) entra na rede de ar pela entrada de ar do compressor. O acúmulo do condensado depende amplamente da umidade relativa do ar, a qual depende da temperatura e das condições climáticas. A umidade absoluta é a massa de vapor de água contida na realidade em um metro cúbico de ar. A quantidade de saturação, por sua vez, é a massa do vapor de água que um metro cúbico de ar pode absorver em determinada temperatura. A fórmula a seguir se aplica se a umidade relativa do ar estiver especificada em porcentagem:

Umidade relativa = (umidade absoluta / quantidade de saturação) × 100 %

Como a quantidade de saturação depende da temperatura, a umidade relativa se altera com a mudança na temperatura, mesmo se a umidade absoluta permanecer constante. Se o ponto de orvalho for alcançado, a umidade relativa aumenta para 100%.

Ponto de orvalho

A temperatura do ponto de orvalho é a temperatura na qual a umidade relativa é de 100%. Quanto mais abaixo do ponto de orvalho, mais a água vai condensar, o que reduz a sua quantidade dispersa no ar. A vida útil de sistemas pneumáticos será consideravelmente reduzida se a umidade excessiva for transportada pelo sistema de ar para os componentes. Portanto, é importante adequar o equipamento de secagem de ar necessário, para que se reduza a umidade a um nível adequado à operação e aos componentes utilizados. Existem três métodos auxiliares de redução de umidade do ar: secagem em baixa temperatura (resfriamento), secagem por adsorção e secagem por absorção.

Secagem em baixa temperatura

O tipo mais comum de secador utilizado atualmente é o secador por refrigeração. Com a secagem refrigerada, o ar comprimido é transportado por um sistema de troca de calor, por onde flui um refrigerante. O objetivo é reduzir a temperatura do ar para um ponto de orvalho que assegure que a água no ar se condensará e gotejará na quantidade desejada. O ar que entra no secador por refrigeração é pré-resfriado em um trocador de calor por meio do ar frio de exaustão. Esse ar é então resfriado na unidade de resfriamento para temperaturas entre +2 e +5°C. O ar comprimido seco é filtrado e, antes de sair novamente para a rede, é aquecido, de forma que volte novamente à condição ambiente. Utilizando-se métodos de refrigeração, é possível atingir os pontos de orvalho entre +2 e +5°C.

Secadores por adsorção

Na **adsorção**, a água é depositada na superfície de sólidos. O agente de secagem é um material granulado (gel), que consiste quase que inteiramente em dióxido de silício (sílica-gel). Normalmente são utilizados dois tanques. Quando o gel em um tanque estiver saturado, o fluxo de ar é comutado para o segundo tanque seco, e o primeiro tanque é regenerado por meio de secagem de ar quente. Os menores pontos de orvalho equivalentes (abaixo de -90°C) podem ser atingidos por meio de secagem por adsorção.

Secadores por absorção

Na **absorção**, uma substância sólida ou líquida se une a uma substância gasosa. A secagem por absorção é puramente um processo químico e não tem grande importância na prática atualmente, uma vez que os custos operacionais são muito altos e a eficiência é muito baixa para a maioria das operações

Distribuição de ar

Segundo Croser e Ebel (2002), para assegurar confiabilidade e distribuição de ar livre de falhas, uma série de requisitos devem ser observados. Basicamente, deve-se levar em consideração desde o cálculo do tamanho correto do sistema de tubulações até o material das tubulações, as resistências de fluxo, o *layout* dos tubos e a manutenção. No caso de novas instalações, devem ser feitas previsões em todas as situações, para possíveis ampliações na rede de ar comprimido. O tamanho da linha principal determinado pelas necessidades atuais deve, portanto, ser aumentado, para que se tenha uma margem de segurança apropriada.

As válvulas de tampa e de desligamento permitem que, num momento posterior, a rede seja ampliada. Perdas ocorrem em todas as tubulações, devido às resistências de fluxo, que são representadas por restrições, dobras, derivações e conexões. Essas perdas devem ser compensadas pelo compressor, e a queda de pressão na rede inteira deve ser a menor possível.

Para que seja possível calcular a queda de pressão, é necessário saber o comprimento total da tubulação. Para as conexões, derivações e dobras, o comprimento equivalente da tubulação deve ser determinado. A escolha do diâmetro interno correto também depende da pressão operacional e da produção do compressor. Para que se faça a melhor escolha, a utilização de um nomograma pode auxiliar. A Figura 1 ilustra a produção de ar comprimido (compressor), com reservatório, filtros, secador.

Figura 1. Produção de ar comprimido (compressor), com reservatório, filtros, secador.
Fonte: Parker Training ([200-?], p. 22).

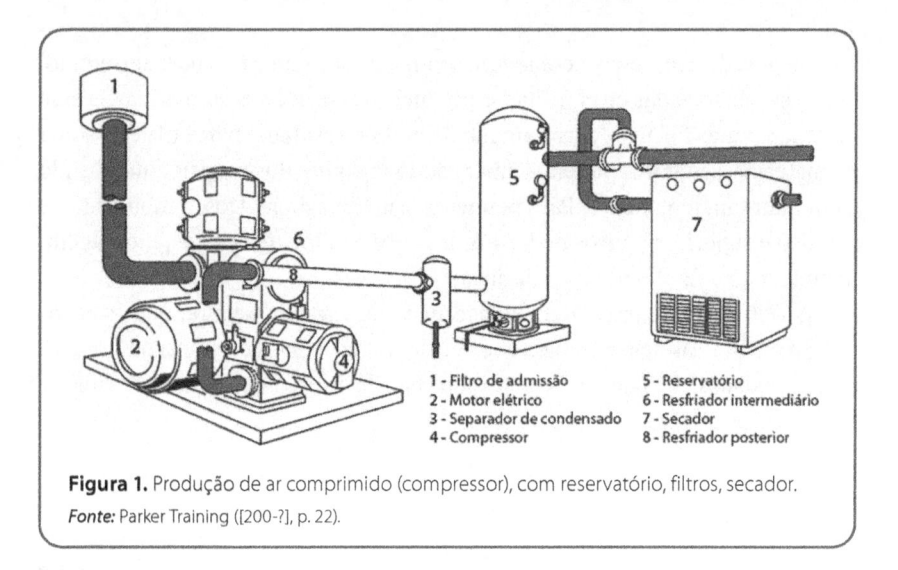

1 - Filtro de admissão
2 - Motor elétrico
3 - Separador de condensado
4 - Compressor
5 - Reservatório
6 - Resfriador intermediário
7 - Secador
8 - Resfriador posterior

> **Link**
>
> Veja no link a seguir o guia básico de compressores da Eletrobrás.
>
> https://goo.gl/gx4Wmn

Material das tubulações

Croser e Ebel (2002) afirmam que a escolha do material adequado para as tubulações é determinada pelas necessidades de uma rede de ar comprimido moderna, que apresente as seguintes características:

- baixas perdas de pressão;
- ausência de vazamentos;
- resistência à corrosão;
- capacidade de ampliação do sistema.

Ao selecionar um material adequado para as tubulações, deve-se considerar não somente o preço por metro, mas também outro fator importante: os custos de instalação. Esses custos são menores quando se opta por materiais plásticos. As tubulações de plástico podem ser adicionadas completamente seladas, com a utilização de adesivos ou conexões, e podem ser facilmente ampliadas.

Tubulações de aço, ferro e cobre têm um preço de compra menor; entretanto, precisam ser soldadas ou conectadas por meio de conectores com rosca. Se essa montagem não for feita corretamente, limalha, resíduos, partículas de solda ou materiais seladores podem acabar sendo introduzidos no sistema, levando a um mau funcionamento. Para pequenos e médios diâmetros, a tubulação de plástico é superior a outros materiais no que diz respeito a custos, montagem, manutenção e facilidade de ampliação.

As flutuações de pressão na rede tornam necessário assegurar que os canos estão montados firmemente, para que se evitem vazamentos nas conexões rosqueáveis e soldadas. A Figura 2 ilustra a tubulação de distribuição de ar comprimido.

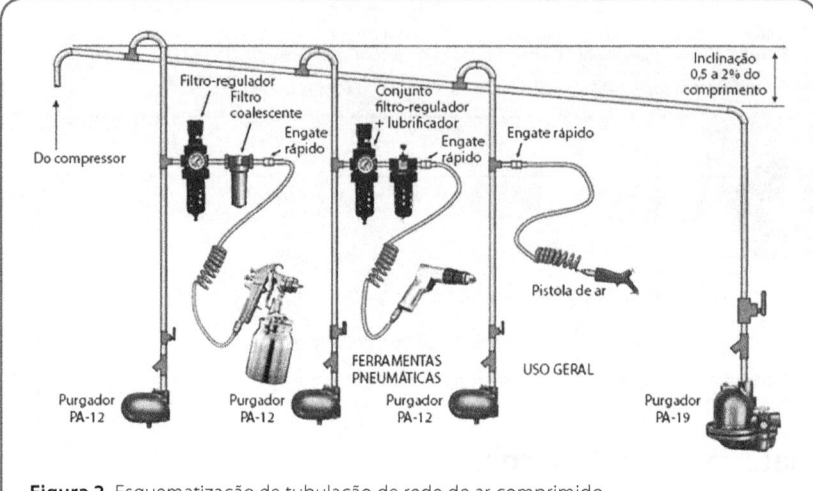

Figura 2. Esquematização de tubulação de rede de ar comprimido.
Fonte: Bela Vista ([200-?]).

Exemplo

A indústria moveleira trabalha com madeira e a sua transformação, com operações de corte, desbaste, lixamento. Isso gera uma atmosfera carregada com muito material particulado, com micropartículas em suspensão. Logo, torna-se muito importante o sistema de filtragem do ar comprimido, além da instalação de coifas exaustoras em todas as atividades de beneficiamento da madeira. As leis ambientais exigem cuidados na qualidade do ar também para o trabalho humano. Assim, são colocados filtros de entrada no compressor, além de filtros na entrada de cada equipamento pneumático. A umidade também é crítica e deve ser retirada em vários estágios. Sistemas pneumáticos são muito sensíveis à contaminação por poluentes e umidade no ar.

Layout da tubulação

De acordo com Croser e Ebel (2002), além do cálculo correto do tamanho da tubulação e da qualidade do material dos canos, o *layout* adequado do sistema de tubos é um fator decisivo para que se obtenha a operação mais econômica do sistema de ar comprimido. O sistema é alimentado com ar comprimido em intervalos pelo compressor. Frequentemente, o consumo dos dispositivos aumenta, o que pode acarretar condições desfavoráveis na rede de ar comprimido. Portanto, recomenda-se que essa rede seja feita na forma de uma linha mestre, a qual assegura amplamente as condições para uma pressão constante. A Figura 3 ilustra a tubulação de distribuição de rede de ar comprimido na configuração de anel, que permite menores perdas de pressão na linha de ar comprimido.

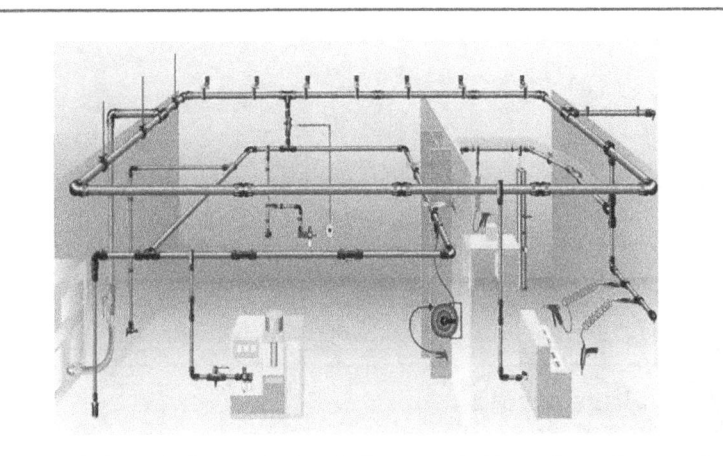

Figura 3. Tubulação de distribuição de rede de ar comprimido: configuração em anel.
Fonte: Alpha Compressores (2017).

Unidade de tratamento de ar

Conforme afirmam Croser e Ebel (2002), as funções individuais da preparação do ar comprimido — a filtragem, regulagem e lubrificação — podem ser feitas completamente por componentes individuais. Essas funções em geral são combinadas em uma só unidade, isto é, a unidade de tratamento de ar. As unidades de tratamento de ar são conectadas em todos os sistemas pneumáticos. Geralmente, a utilização de um lubrificador não é necessária em sistemas avançados. Esses lubrificadores somente devem ser utilizados para necessidades específicas, basicamente na seção de energia de um sistema. O ar comprimido em uma seção de controle não deve ser lubrificado. A Figura 4 ilustra o lubrefil (filtro de ar, regulador de pressão e lubrificador).

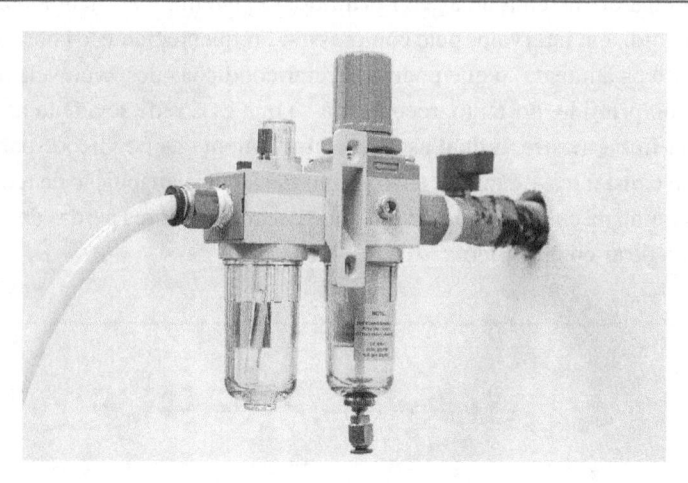

Figura 4. Lubrefil: filtro de ar, regulador de pressão, lubrificador.
Fonte: Fun fun photo/Shutterstock.com.

Fique atento

Cada equipamento pneumático exige determinado nível de pressão, vazão e qualidade de ar. Por esse motivo, é fundamental que haja uma unidade própria de condicionamento e tratamento de ar, dimensionada para atender adequadamente cada equipamento. Algumas unidades exigem lubrificação do ar comprimido e, nesse caso, é instalado um lubrificador (por exemplo, em equipamentos com cilindros rápidos). Na pintura, por exemplo, lubrificação não pode ser utilizada, devido à natureza do serviço. O fabricante dos equipamentos e acessórios estabelece os níveis de pressão, vazão e qualidade do ar.

Seleção do compressor adequado para cada tipo de rede de distribuição de ar comprimido

Segundo o fabricante Shultz, o dimensionamento de qualquer compressor de ar deve atender aos requisitos básicos de **pressão, vazão** e **regime de intermitência** (COMPRESSORES... [200-?]).

Além disso, consideram-se fatores secundários, como facilidade de locomoção, tensão da rede, etc. Todavia, esses critérios são considerados sempre após garantir os três requisitos fundamentais (pressão, vazão, intermitência), pois de nada adianta um compressor portátil, prático e leve, se ele não atende ao consumo de ar e pressão.

Para definir com clareza esses aspectos que levam ao correto dimensionamento do equipamento, deve-se analisar uma série de questões que esclarecerão a necessidade específica para uso do compressor:

- Qual o consumo de ar comprimido?
- Qual a pressão necessária?
- Qual a aplicação do ar comprimido?
- Qual a intensidade e frequência de uso?
- Qual o local disponível para instalação?
- O produto trabalhará em local fixo?
- Em curto, médio ou longo prazo, haverá aumento na demanda de ar comprimido?
- Qual a tensão da rede?
- O ar utilizado precisará de tratamento?

Para a correta seleção de um compressor, é necessário obter algumas informações:

1. equipamentos pneumáticos que serão utilizados;
2. quantidade;
3. taxa de utilização (fornecido pelo usuário);
4. pressão de trabalho (dado técnico de catálogo);
5. ar efetivo consumido por equipamento.

Veja o exemplo de uma pequena fábrica, que tem os equipamentos listados a seguir. Primeiramente, deve-se calcular o consumo de ar efetivo, considerando a intermitência de cada equipamento.

Furadeira = 2 × 8 × 0,25 = 4,0 pcm
Lixadeira pneumática = 2 × 12 × 0,40 = 9,6 pcm
Pistola de pintura = 3 × 6 × 0,30 = 5,4 pcm
Guincho pneumático = 1 × 3 × 0,10 = 0,3 pcm
Bico de limpeza = 5 × 6 × 0,10 = 3,0 pcm
Total = 22,3 pcm

Assim, serão necessários 22,3 pcm de ar efetivo e uma pressão máxima de 125 lbf/pol. Como os compressores de ar de um estágio operam entre a pressão de 80 e 120 (faixa de ajuste do pressostato), não há pressão suficiente para o funcionamento do guincho pneumático, que necessita de 125 libras. Portanto, o correto é selecionar um compressor de 2 estágios – 175 libras (135 a 175 libras).

Volume de ar e perdas

O ar atmosférico é composto basicamente de 78% de nitrogênio, 21% de oxigênio e outros gases em pequenas quantidades. No entanto, misturadas a essa camada atmosférica de aproximadamente 50 km de espessura, temos uma série de outras moléculas que também ocupam espaço e que têm origens diversas, como poluentes industriais e dos motores de veículos, gases e partículas de combustão geral, poeiras, microrganismos, etc.

Soma-se a isso ainda grande quantidade de água em estado gasoso (umidade relativa do ar), variável na sua proporção, de acordo com a região e as condições climáticas. Todas essas características do ar atmosférico, somadas a fatores mecânicos e construtivos dos compressores, provocam uma perda no rendimento volumétrico do ar comprimido. Essa perda é de aproximadamente 40% nos compressores de um estágio e de 30% nos de dois estágios. Portanto:

1 estágio – 80 a 120 psi e 100 a 140 psi – perda de volume 40%
2 estágios – 135 a 175 psi – perda de volume 30%

> **Fique atento**
>
> Em um compressor de 10 pcm de um estágio, teremos efetivos: 6 pcm. Em um compressor de 10 pcm de dois estágios, teremos efetivos: 7 pcm. Observe que essa perda na proporção descrita é no **volume** (vazão) de ar, e não na pressão. Note que, para o correto dimensionamento de um compressor, os fatores mais importantes a serem considerados são, em ordem de importância, **vazão** (volume de ar) e **pressão** (força do ar).

Regime de intermitência

É fundamental considerar ainda que, nos compressores de pistão, há um terceiro fator: o regime de intermitência — ou seja, a relação de tempo que um compressor fica parado ou em funcionamento. Nos compressores alternativos de pistão, **a intermitência ideal é de 30%**, de forma que num determinado período de trabalho, um compressor permaneça 70% do tempo em carga e 30% em alívio.

Racionalização e otimização do uso de ar comprimido

Compressor de ar:

- Fazer a captação do ar ambiente de um local em que a temperatura seja a mais baixa possível.
- Realizar a manutenção rigorosa do compressor de acordo com o manual.

Linha de ar comprimido:

- Procurar adequar o diâmetro da tubulação com a vazão de ar comprimido.
- Fazer a manutenção na rede, eliminando vazamentos e desobstruindo passagens.
- Estudar e otimizar a instalação, procurando eliminar componentes desnecessários (excesso de curvas e cotovelos, válvulas sem função).

Equipamentos de tratamento:

- Instalar filtros, reguladores e lubrificadores e fazer a manutenção.
- Nunca subdimensioná-los.

Link

No link ou código a seguir, veja os tipos de compressores.

https://goo.gl/PNVBK9

Exercícios

1. Em uma serralheria que usa ar comprimido para pintura de portões, grades e estruturas metálicas, qual o compressor mais indicado, levando em consideração custo mais acessível e manutenção simplificada?
   a) Compressor parafusos.
   b) Compressor de membrana.
   c) Compressor de pistão.
   d) Compressor de palhetas.
   e) Compressor centrífugo.

2. Uma pequena fábrica alimentícia utiliza ar comprimido nas embalagens dos alimentos. Qual o tipo de compressor mais indicado nessa aplicação?
   a) Compressor parafusos.
   b) Compressor de membrana.
   c) Compressor de pistão.
   d) Compressor de palhetas.
   e) Compressor centrífugo.

3. Qual é o tipo de compressor mais utilizado nas indústrias, em função da grande produção de ar, do nível de pressão, da produção de ar sem pulsação e do bom rendimento?
   a) Compressor de parafusos.
   b) Compressor de membrana.
   c) Compressor centrífugo.
   d) Compressor de palhetas.
   e) Compressor de pistões.

4. Qual é o secador em que o agente de secagem é um material granulado (gel), que consiste quase que inteiramente em dióxido de silício (sílica-gel)?
   a) Secador por adsorção.
   b) Secador por ponto de orvalho.
   c) Secador por absorção.
   d) Secador por refrigeração.
   e) Secador de baixa temperatura.

5. Em uma linha de pintura, qual é o efetivo consumo de ar (em pcm) de três pistolas de pintura, com o consumo de 6 pcm (pés cúbicos por minuto – dado do fabricante) e intermitência de 30%? O consumo efetivo é igual ao número de equipamentos × o consumo (fabricante) × intermitência.
   a) 3,4 pcm.
   b) 4,4 pcm.
   c) 5,0 pcm.
   d) 5,4 pcm.
   e) 6,4 pcm.

Referências

AGERADORA. *Como funciona um compressor industrial*. 2017. Disponível em: <https://www.ageradora.com.br/como-funciona-um-compressor-de-ar-industrial/>. Acesso em: 16 jul. 2018.

ALPHA COMPRESSORES. *Rede de ar comprimido*. 2017. Disponível em: <https://www.alphacompressores.com.br/rede-de-ar>. Acesso em: 17 jul. 2018.

BELA VISTA compressores. [200-?]. Disponível em: <www.belavistacompressores.com.br/rede_de_ar_comprimido>. Acesso em: 17 jul. 2018.

COMPRESSORES de ar: conceitos. [200-?]. Disponível em: <http://compressoressdearchultz.blogspot.com/p/conceitos-basicos.html>. Acesso em: 17 jul. 2018.

CROSER, P.; EBEL, P. *Pneumática nível básico*. Denkendorf: Festo Didactic GmbH, 2002.

HIDROFÉLIX INSTALAÇÕES HIDRÁULICAS. *Sistema de ar comprimido*. 2013. Disponível em: <http://www.hidrofelix.com.br/empresa?grupo=1&categoria=11&item=22&q=Ar%20Comprimido>. Acesso em: 16 jul. 2018.

PARKER TRAINING. *Tecnologia pneumática industrial:* apostila M1001-1 BR. Jacareí: PARKER, [2000]. Disponível em: <https://www.parker.com/literature/Brazil/apostila_M1001_1_BR.pdf>. Acesso em: 16 jul. 2018.

Leituras recomendadas

BONACORSO, N. G.; NOLL, V. *Automação eletropneumática*. 11. ed. São José dos Campos: Érica, 2004.

DUTRA, E. S. *Notas de aula:* pneumática. Caxias do Sul: SENAI, 2002.

ELETROBRAS. Programa Nacional de Conservação de Energia Elétrica. *Compressores:* guia básico. Brasília: IEL/NC, 2009. Disponível em: <https://bucket-gw-cni-static-cms-si.s3.amazonaws.com/media/uploads/arquivos/Compressores.pdf>. Acesso em: 16 jul. 2018.

FIALHO, A. B. *Automação pneumática:* projetos, dimensionamento e análise de circuitos. São José dos Campos: Érica, 2003.

FRIGOCENTER. Tipos de compressor. *Youtube,* nov. 2017. Disponível em: <https://www.youtube.com/watch?v=zG9bwTzf0a4>. Acesso em: 16 jul. 2018.

LUGLI, A. B.; SANTOS, M. M. D. *Redes industriais para automação industrial*: AS-I, PROFIBUS e PROFINET. São Paulo: Érica, 2010.

PAVANI, S. A. *Comandos pneumáticos e hidráulicos*. 3. ed. Santa Maria: UFSM, 2010.

STEWART, H. L. *Pneumática & hidráulica*. 4. ed. São Paulo: Hemus, 2013.

UNIDADE 4

Dimensionamento de redes de distribuição de ar comprimido

Objetivos de aprendizagem

Ao final deste texto, você deve apresentar os seguintes aprendizados:

- Identificar as variáveis envolvidas no dimensionamento de redes de distribuição de ar comprimido.
- Calcular a perda de carga em uma rede de ar comprimido.
- Reconhecer as válvulas e os dispositivos de distribuição de ar comprimido em função da pressão e da vazão.

Introdução

A fim de buscar a melhoria contínua dos processos, pode-se utilizar um sistema pneumático nas mais variadas atividades da empresa: em uma pistola pneumática para aperto/desaperto de porcas e parafusos, ou para a distribuição da canalização, de forma a facilitar a limpeza do cavaco de um torno ou uma fresadora, utilizando-se uma pistola de ar. Além disso, um sistema de ar comprimido permite que processos sejam automatizados, aumentando a produtividade e diminuindo custos.

Neste capítulo, você vai aprender a dimensionar a canalização de um sistema de ar comprimido de forma correta, para que ele funcione adequadamente e sem apresentar perdas desnecessárias. Para realizar o cálculo do dimensionamento, você aprenderá a calcular as perdas de carga ao longo do sistema, tanto da tubulação retilínea, quanto do comprimento equivalente das válvulas e dos cotovelos utilizados no sistema. Por último, você estudará os dispositivos de distribuição de ar comprimido no sistema, assim como a escolha das válvulas baseadas na faixa de pressão em que elas serão utilizadas.

A pneumática

O estudo da pneumática está relacionado com a ciência que trata do comportamento e do emprego dos gases para a transmissão de energia. Todos os gases são facilmente compressíveis, e praticamente qualquer gás pode ser usado em um sistema pneumático; no entanto, o ar (uma mistura de aproximadamente 78% nitrogênio e 21% oxigênio) é o mais usual (TECNI-AR, c2018, documento on-line).

A utilização da pneumática tornou-se um meio barato e simples, devido às seguintes propriedades do ar comprimido (TECNI-AR, c2018, documento on-line):

- quantidade (encontra-se em abundância na nossa atmosfera);
- transporte (facilmente transportável por tubulações);
- armazenagem (armazenado em reservatórios para posterior utilização);
- temperatura (as oscilações não prejudicam o trabalho);
- segurança (não há problemas de explosões ou incêndios);
- limpeza (não polui o ambiente de trabalho);
- velocidade (altas velocidades de trabalho);
- sobrecarga (atuam com pressão até a parada final);
- construção dos elementos (baixo custo);
- fácil manutenção.

O ar comprimido é conduzido por tubulações até o ponto de aplicação, onde executa trabalho útil, seja por expansão, seja por aplicação direta de força. Em seguida, é expulso para a atmosfera.

Saiba mais

O termo **pneumática** vem da raiz grega *pneuma*, que significa fôlego, vento, sopro. Portanto, pneumática é a matéria que estuda os movimentos e fenômenos dos gases.

Variáveis envolvidas no dimensionamento de redes de distribuição de ar comprimido

Aplicar um compressor próprio para cada máquina ou dispositivo automatizado é possível somente em casos esporádicos e isolados. Na maioria das vezes, é necessário redistribuir o ar comprimido entre os pontos de utilização, a fim de se obter melhor aproveitamento do compressor e do reservatório. Em essência, quando há vários pontos de aplicação, o processo mais conveniente e racional é efetuar a distribuição do ar comprimido de acordo com as tomadas nas proximidades dos utilizadores. A rede de distribuição de ar comprimido compreende todas as tubulações que saem do reservatório, as quais passam pelo secador e levam o ar comprimido até os pontos individuais de utilização.

Antes de iniciar o dimensionamento de uma rede de distribuição de ar comprimido, o responsável por esse processo deve determinar qual será a real necessidade de ar comprimido demandado pelo sistema. Para isso, é necessário saber que tipo e qual a quantidade de equipamentos ou ferramentas pneumáticas que estarão conectadas a tal sistema. Quando essa análise estiver definida, será possível determinar o número e o tamanho do compressor e dos reservatórios de ar comprimido necessários para garantir o pleno funcionamento do sistema.

Demanda de ar comprimido

A primeira etapa do dimensionamento do sistema pneumático é obter o valor do consumo total de ar comprimido necessário para garantir o pleno funcionamento da rede e, com isso, definir o compressor e o sistema de fornecimento de ar. Os valores de consumo individuais de ar comprimido de cada equipamento ou ferramenta são somados e adaptados às condições específicas de trabalho. Esses valores podem ser encontrados no manual de características técnicas do equipamento, e o valor total do consumo pode ser obtido conforme o exemplo da Tabela 1, que ilustra alguns equipamentos e suas respectivas características.

Tabela 1. Informações técnicas de equipamentos pneumáticos

Equipamento	Quantidade	Pressão	Vazão unitária	Vazão total
Furadeira reversível 1/2" HD	1	6,20 bar	42,48 m³/h	42,48 m³/h
Parafusadeira pistola 1800 RPM	1	6,20 bar	42,48 m³/h	42,48 m³/h
Lixadeira roto orbital	1	6,20 bar	37,44 m³/h	37,44 m³/h
Esmerilhadeira angular 5"	1	6,20 bar	51,12 m³/h	51,12 m³/h
Vazão total do sistema (m³/hora)				**173,52 m³/h**

Para o dimensionamento da rede, deve-se primeiramente especificar e determinar o tipo e o número de equipamentos que serão utilizados ao longo dela. O consumo de ar comprimido de cada equipamento deve ser somado e adaptado com os fatores multiplicadores apropriados. Dessa forma, o compressor pode ser selecionado de acordo com o volume de fornecimento determinado. Com base no resultado final obtido, o usuário pode então dimensionar o diâmetro da tubulação da rede correspondente, a qual determina o diâmetro mínimo necessário para atender a demanda, inclusive já prevendo a expansão futura. Na equação a seguir, é apresentado o cálculo do diâmetro da tubulação (FIALHO, 2003).

$$d = 10 \left[\sqrt[5]{\frac{1,663785 \cdot 10^{-3} \cdot Q^{1,85} \cdot Lt}{\Delta P \cdot P}} \right]$$

Onde:
Lt = linha tronco [m] (comprimento total da tubulação).
$Lt = L1 + L2$.
$L1$ = comprimento retilíneo [m] (comprimento linear da tubulação).
$L2$ = comprimento equivalente [m] (comprimento de válvulas, cotovelos, etc.).
ΔP = perda de carga admitida [kgf/cm²].
P = pressão de regime [kgf/cm²] (pressão acumulada no reservatório ou na rede).
Q = vazão [m³/h] (vazão necessária ao sistema).

O diâmetro obtido será correspondente ao diâmetro interno e será dado em milímetros. Para definir o diâmetro comercial do tubo, são utilizadas tabelas como as de tubos de aço preto ou galvanizado, conforme o exemplo da Tabela 2. A equação pode ser utilizada tanto para calcular o diâmetro da tubulação principal, como o diâmetro da tubulação secundária.

Tabela 2. ASTM A 120 SCHEDULE 40

| Nominal | Diâmetro | | Espessura da parede | | Peso teórico do tubo preto | | Pressão de ensaio |
	Externo	Interno			Pontas lisas	Com roscas e luvas	
In	in	mm	mm	in	mm	kg/m	kg/m	kgf/cm^2
¼	0,540	13,7	9,2	0,088	2,24	0,63	0,66	50
⅜	0,675	17,2	12,6	0,091	2,31	0,85	0,88	50
½	0,4	21,3	15,8	0,109	2,77	1,27	1,29	50
¾	1,050	26,7	21,0	0,113	2,87	1,68	1,72	50

Fonte: Adaptado de Fialho (2003).

Fique atento

É importante lembrar que perdas por vazamentos também devem ser levadas em conta, quando o consumo de ar comprimido for determinado.

O consumo total teórico de ar comprimido é o total do consumo de ar comprimido dos equipamentos conectados à rede de ar. Porém, somente o consumo total de ar comprimido desses equipamentos não é suficiente para determinar o compressor e dimensionar a rede de fornecimento, pois considerações adicionais devem ser levadas em conta. Para calcular e obter o consumo total de vários equipamentos e determinar o volume de fornecimento realmente necessário de um compressor, o usuário deverá considerar os fatores adicionais descritos a seguir.

- **Perdas:** as perdas tratam da fuga de ar comprimido, a qual pode ocorrer facilmente por meio de um vazamento e/ou por atritos que possam ocorrer entre as partes do sistema. No caso de um sistema de ar comprimido novo, o usuário pode estimar que aproximadamente 5% do volume total de fornecimento consistem em perdas. A experiência mostra que as perdas de ar provenientes de vazamento e/ou atrito aumentam com o tempo de vida das instalações do sistema de ar. Para as redes de ar antigas, o percentual dessas perdas pode chegar a até 25%.
- **Reservas:** o dimensionamento de um sistema de ar comprimido está baseado no consumo estimado de ar comprimido em determinado momento. A experiência mostra que o consumo de ar aumenta gradativamente. Por isso, é recomendado estimar também, no cálculo de dimensionamento do compressor e da rede de fornecimento, a inclusão de extensões na rede para curto e médio prazo. Se esses fatores não forem considerados no dimensionamento, extensões futuras e necessárias causarão despesas não previstas. Dependendo das perspectivas futuras, reservas de até 100% podem ser projetadas.
- **Erros de cálculo:** apesar de cálculos cuidadosos, em alguns casos, o dimensionamento estimado do sistema de ar comprimido é falho. O valor exato do consumo de ar raramente pode ser determinado, devido às condições secundárias e circunstâncias complementares. Quando um sistema de ar comprimido é subdimensionado e deve ser estendido em uma fase posterior, com despesas extras (tempos de manutenção de máquina), o usuário deverá incluir um percentual extra de 5% a 15% para erros de cálculo.

> **Fique atento**
>
> Abordados os fatores adicionais, o volume ideal exigido para fornecimento de ar comprimido deverá incluir o consumo total de ar determinado aos equipamentos, mais 5% para perdas, mais 10% de reservas e mais 15% referentes a erros de cálculo. Em resumo, deve ser adicionado um percentual extra de 30% de ar comprimido ao sistema, a fim de evitar problemas devido às perdas.

Um sistema de distribuição perfeitamente executado deve apresentar os seguintes requisitos:

- ter pequena queda de pressão entre o compressor e as partes de consumo, a fim de manter a pressão dentro de limites toleráveis, em conformidade com as exigências das aplicações;
- não apresentar escape de ar — do contrário haveria perda de potência;
- apresentar grande capacidade de realizar separação de condensado.

Ao serem efetuados o projeto e a instalação de uma planta qualquer de distribuição, é necessário levar em consideração certos princípios. O não cumprimento de certas bases pode ser prejudicial e aumentar a necessidade de manutenção.

Cálculo da perda de carga em uma rede de ar comprimido

A perda de carga ocorre devido ao atrito do ar contra as paredes das tubulações. Quanto mais longa for a tubulação, maior será a perda de carga do sistema. Além de considerar o comprimento físico da tubulação (L1), também devem ser consideradas as perdas localizadas (L2) nas válvulas e conexões instaladas na linha. Para se obter os valores das perdas de carga localizadas, pode-se consultar a Tabela 3 apresentada a seguir, com diversos tipos de válvulas e conexões.

Tabela 3. Perda localizada

Conexão		Diâmetro nominal (in)						
		1/2	3/4	1	1.1/4	1.1/2	2	2.1/2
Tê fluxo em linha	ROSQ.	0,52	0,73	0,99	1,4	1,7	2,3	2,8
	FLAN.	0,21	0,25	0,30	0,4	0,45	0,55	0,58
		Diâmetro nominal (in)						
		3	3.1/2	4	5	6	8	10
	ROSQ.	3,7	4,45	5,2	-	-	-	-
	FLAN.	0,67	0,74	0,85	1,0	1,2	1,4	1,6

(Continua)

(Continuação)

Tabela 3. Perda localizada

Conexão		Diâmetro nominal (in)						
		1/2	3/4	1	1.1/4	1.1/2	2	2.1/2
Tê fluxo pelo ramal	ROSQ.	1,3	1,6	2,0	2,7	3,0	3,7	3,9
	FLAN.	0,61	0,80	1,0	1,3	1,6	2,0	2,3
		Diâmetro nominal (in)						
		3	3.1/2	4	5	6	8	10
	ROSQ.	5,2	5,8	6,4	-	-	-	-
	FLAN.	2,9	3,3	3,7	4,6	5,5	7,3	9,1
Conexão		**Diâmetro nominal (in)**						
		1/2	3/4	1	1.1/4	1.1/2	2	2.1/2
Válvula gaveta	ROSQ.	0,17	0,20	0,25	0,34	0,37	0,46	0,52
	FLAN.	-	-	-	-	-	0,80	0,83
		Diâmetro nominal (in)						
		3	3.1/2	4	5	6	8	10
	ROSQ.	0,58	0,67	0,76	-	-	-	-
	FLAN.	0,85	0,86	0,88	0,95	0,98	0,98	0,98
Conexão		**Diâmetro nominal (in)**						
		1/2	3/4	1	1.1/4	1.1/2	2	2.1/2
Válvula globo	ROSQ.	6,7	7,3	8,8	11,3	12,8	16,5	18,9
	FLAN.	11,6	12,2	13,7	16,5	18,0	21,4	23,5
		Diâmetro nominal (in)						
		3	3.1/2	4	5	6	8	10
	ROSQ.	24,0	27,25	33,5	-	-	-	-
	FLAN.	28,7	32,65	36,6	45,7	47,9	49,3	94,5

(Continua)

(Continuação)

Tabela 3. Perda localizada

Conexão		Diâmetro nominal (in)						
		1/2	3/4	1	1.1/4	1.1/2	2	2.1/2
90° cotovelo comum	ROSQ.	1,1	1,34	1,58	2	2,25	2,6	2,8
	FLAN.	0,30	0,37	0,50	0,62	0,73	0,95	1,1
		Diâmetro nominal (in)						
		3	3.1/2	4	5	6	8	10
	ROSQ.	3,4	3,7	4,0	-	-	-	-
	FLAN.	1,3	1,55	1,8	2,2	2,7	3,7	4,3
Conexão		Diâmetro nominal (in)						
		1/2	3/4	1	1.1/4	1.1/2	2	2.1/2
Curva 90° raio longo	ROSQ.	0,67	0,70	0,83	0,98	1,0	1,1	1,1
	FLAN.	0,33	0,40	0,49	0,61	0,70	0,83	0,88
		Diâmetro nominal (in)						
		3	3.1/2	4	5	6	8	10
	ROSQ.	1,2	1,3	1,4	-	-	-	-
	FLAN.	1,0	1,15	1,3	1,5	1,7	2,1	2,4
Conexão		Diâmetro nominal (in)						
		1/2	3/4	1	1.1/4	1.1/2	2	2.1/2
Curva 45°	ROSQ.	0,21	0,28	0,39	0,52	0,64	0,83	0,97
	FLAN.	0,14	0,18	0,25	0,34	0,40	0,52	0,61
		Diâmetro nominal (in)						
		3	3.1/2	4	5	6	8	10
	ROSQ.	1,2	1,45	1,7	-	-	-	-
	FLAN.	0,8	0,95	1,1	1,4	1,7	2,3	2,7

(Continua)

(*Continuação*)

Tabela 3. Perda localizada

Conexão		Diâmetro nominal (in)						
		1/2	3/4	1	1.1/4	1.1/2	2	2.1/2
Curva 180° raio longo	ROSQ.	1,1	1,3	1,6	2,0	2,3	2,6	2,8
	FLAN.	0,34	0,40	0,49	0,61	0,70	0,83	0,88
		Diâmetro nominal (in)						
		3	3.1/2	4	5	6	8	10
	ROSQ.	3,4	3,7	4,0	-	-	-	-
	FLAN.	1,00	1,15	1,3	1,5	1,7	2,1	2,4
Conexão		Diâmetro nominal (in)						
		1/2	3/4	1	1.1/4	1.1/2	2	2.1/2
Válvula angular	ROSQ.	4,6	4,6	5,2	5,5	5,5	5,55	5,55
	FLAN.	4,6	4,6	5,2	5,5	5,5	6,4	6,7
		Diâmetro nominal (in)						
		3	3.1/2	4	5	6	8	10
	ROSQ.	5,55	5,55	5,55	-	-	-	-
	FLAN.	8,5	10,05	11,6	15,2	19,2	27,4	36,6
Conexão		Diâmetro nominal (in)						
		1/2	3/4	1	1.1/4	1.1/2	2	2.1/2
Válvula retenção portinhola	ROSQ.	2,4	2,7	3,4	4,0	4,6	5,8	6,7
	FLAN.	1,2	1,6	2,2	3,0	3,7	5,2	6,4
		Diâmetro nominal (in)						
		3	3.1/2	4	5	6	8	10
	ROSQ.	8,2	9,7	11,6	-	-	-	-
	FLAN.	8,3	9,6	11,6	15,2	19,2	27,4	36,6

(*Continua*)

(Continuação)

Tabela 3. Perda localizada

Conexão		Diâmetro nominal (in)						
		1/2	3/4	1	1.1/4	1.1/2	2	2.1/2
União filtro Y	ROSQ.	0,07	0,07	0,08	0,11	0,12	0,14	0,14
	FLAN.	1,5	2,0	2,3	5,5	8,1	8,3	8,8
		Diâmetro nominal (in)						
		3	3.1/2	4	5	6	8	10
	ROSQ.	0,16	0,175	0,19	-	-	-	-
	FLAN.	10,4	11,6	12,8	16,2	18,6		

Fonte: Adaptada de Fialho (2003).

Com base nas informações das tabelas de perda de carga localizada e na quantidade de conexões utilizadas no sistema pneumático, é possível obter a perda de carga total resultante do comprimento da tubulação.

Além da perda de carga localizada, também é possível determinar a perda de carga na rede de distribuição (ΔP). Fialho (2003) comenta que um desempenho satisfatório da rede de distribuição não pode exceder 0,3 kgf/cm² *(ΔP)*. No caso de grandes redes, esse desempenho pode atingir 0,5 kg/cm².

Também é possível definir a perda de carga na rede de distribuição por meio da equação a seguir (FIALHO, 2003).

$$\Delta P = 1{,}663785 \cdot 10^3 \cdot \frac{Q^{1,85} \cdot Lt}{d^5 \cdot P}$$

Fique atento

A equação de perda de carga na rede de distribuição deve ser utilizada para determinar o diâmetro da linha tronco e das linhas secundárias.

Seleção de válvulas e dispositivos de distribuição de ar comprimido em função de pressão e vazão

De acordo com a Figura 1, a rede de distribuição de ar comprimido compreende todas as tubulações que saem do reservatório, passam pelo secador e destinam o ar comprimido até os pontos individuais de utilização.

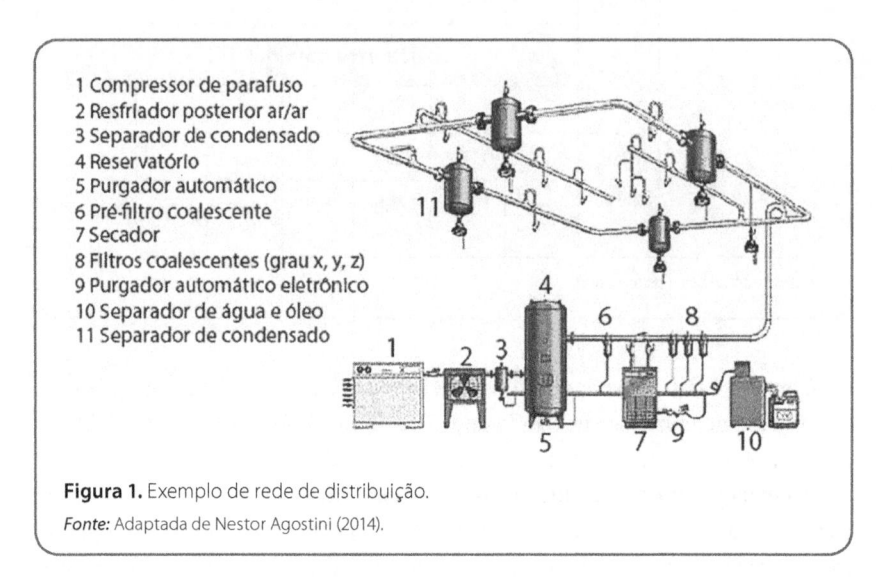

1 Compressor de parafuso
2 Resfriador posterior ar/ar
3 Separador de condensado
4 Reservatório
5 Purgador automático
6 Pré-filtro coalescente
7 Secador
8 Filtros coalescentes (grau x, y, z)
9 Purgador automático eletrônico
10 Separador de água e óleo
11 Separador de condensado

Figura 1. Exemplo de rede de distribuição.
Fonte: Adaptada de Nestor Agostini (2014).

A rede de distribuição deve ter algumas funções básicas:

- armazenar ar comprimido;
- compensar as flutuações de pressão e demanda no sistema de distribuição;
- estabilizar o fluxo de ar comprimido;
- controlar as marchas dos compressores;
- comunicar a fonte com os equipamentos consumidores.

Numa rede distribuidora, para que haja eficiência, segurança e economia, três fatores são importantes:

- baixa queda de pressão entre a instalação do compressor e os pontos de utilização;
- mínimo de vazamento;
- boa capacidade de separação do condensado em todo o sistema.

> **Fique atento**
>
> Condensado é o vapor de ar que, ao ser resfriado, sofre condensação. O condensado é removido no separador centrífugo ou no reservatório de ar adjacente ao compressor.

Os reservatórios devem ser instalados de modo que drenos, conexões e aberturas de inspeção sejam facilmente acessados. Em hipótese alguma o reservatório deve ser enterrado ou instalado em local de difícil acesso. De preferência, a sua localização deve ser fora da casa de compressores e na sombra, de modo a facilitar a condensação da umidade e do óleo contidos no ar comprimido. Também deve possuir um dreno no ponto mais baixo, para fazer a remoção do condensado acumulado, assim como manômetro e válvula de segurança.

A escolha do reservatório vai depender da quantidade de pressão necessária ao sistema e do tipo de compressor a ser utilizado. Por exemplo, o reservatório ilustrado na Figura 2, segundo o fabricante, pode ser utilizado com compressor de parafuso ou com compressor de pistão. Além disso, o fabricante também informa que ele tem um volume de 0,5 m^3 e que a sua pressão máxima de trabalho é de 12 bar. Tem como principais funções:

- armazenar ar comprimido para suprir o sistema nos picos de consumo;
- estabilizar a distribuição de ar, evitando grandes oscilações;
- permitir uma regulagem adequada do ciclo de carga/alívio dos compressores;
- separar o "ar seco" do condensado.

Figura 2. Reservatório de ar comprimido.
Fonte: Adaptada de Nestor Agostini (2014).

Partes do reservatório
1 - Manômetro
2 - Saída de ar
3 - Entrada de ar
4 - Válvula de alívio
5 - Abertura de inspeção
6 - Dreno

Além do reservatório ilustrado na Figura 2, existe uma vasta quantidade de reservatórios, os quais possuem volumes e pressões de trabalho diferentes. A escolha desse equipamento deve ser realizada levando em consideração a pressão de trabalho e a vazão de todo o sistema pneumático, a fim de garantir que o equipamento adquirido atenda de forma satisfatória à necessidade do sistema.

Por outro lado, temos também as válvulas pneumáticas que são componentes do circuito pneumático designadas para controlar e manipular o fluxo de ar comprimido (direção, pressão e/ou vazão do ar) e podem ser dos seguintes tipos:

- **Válvula direcional:** controla a parada, a partida e o sentido do movimento de um atuador.
- **Válvula reguladora de fluxo:** influencia na vazão do ar comprimido.
- **Válvula reguladora de pressão:** influencia na pressão do ar comprimido ou é controlada pela pressão de ar comprimido.
- **Válvula de bloqueio:** bloqueia o sentido de ar comprimido, podendo ou não liberar o ar para o sentido oposto.

No interior das válvulas pneumáticas, o ar comprimido circula ao longo de um enorme sistema, possibilitando ou inibindo o fluxo de ar sob pressão, e a força é usada para alimentar determinado dispositivo. Essas válvulas podem ter várias entradas de ar, que resultam em diversos padrões de escoamento; como elas podem mover o ar de diversas formas, as válvulas pneumáticas podem se adaptar a vários tipos de aplicações. Por exemplo, as válvulas de ventilação e pressão auxiliam no controle de pressão do ar comprimido, e as válvulas de agulha ajudam no controle do fluxo dentro de um sistema pneumático (CHP, 2014, documento on-line).

As válvulas pneumáticas podem ser usadas para as mais diversas aplicações, seja para acionar outra válvula ou um cilindro, e o seu acionamento pode ser realizado de forma mecânica, manual, eletro-hidráulica ou eletropneumática. A sua escolha pode ser realizada conforme a Tabela 4, na qual estão especificadas as vias e posições de cada modelo de válvula, o tipo de conexão e a faixa de pressão em que cada válvula atua no sistema.

Tabela 4. Tabela de seleção

Série	Vias/Posições							Conexão					Faixa de pressão
	2/2	3/2	3/3	4/3	5/2	5/3	M5	1/8"	1/4"	3/8"	1/2"	3/4"	
Micro	X	X					X						0 a 8,5 bar
Nova Miniatura		X			X			X					1,5 a 10,5 bar
Solenoide G50	X	X							X				Até 35 bar
Série PVN		X	X		X	X			X				0 a 10 bar
Namur		X			X				X				3 a 8 bar
Série B3					X	X		X					1,4 a 10 bar
Série B4					X	X			X				1,4 a 10 bar
Série B5					X	X				X			1,4 a 10 bar
Série PVL					X			X	X				2 a 10 bar
ISOMAX					X	X			X	X	X		Até 12 bar
Moduflex		X	X	X			Tubos Ø 4, 6, 8 e 10 mm						-0,9 a 8 bar

Fonte: Adaptado de Parker (c2018, documento on-line).

Exercícios

1. Aplicar um compressor próprio para cada máquina acaba se tornando desnecessário e custoso. Dessa forma, é necessário redistribuir o ar comprimido entre os pontos de utilização, resultando em um melhor aproveitamento do compressor e do reservatório. Porém, antes de dimensionar a rede de distribuição de ar comprimido, o responsável pelo dimensionamento deve:
   a) determinar se a vazão e a pressão do compressor atendem à demanda de ar comprimido do sistema.
   b) verificar a capacidade volumétrica do reservatório.
   c) determinar a capacidade volumétrica do compressor.
   d) determinar qual será o consumo total de ar comprimido necessário para garantir o funcionamento da rede.
   e) analisar a capacidade volumétrica, a pressão e a vazão do compressor e do reservatório.

2. O consumo total de ar comprimido trata do consumo de ar dos equipamentos conectados à rede de pneumática. Porém, somente o consumo total de ar comprimido desses equipamentos não é suficiente para determinar o compressor e dimensionar a rede de fornecimento, uma vez que considerações adicionais devem ser levadas em conta. Quais seriam essas considerações adicionais?
   a) Válvulas, reservatório e perdas.
   b) Volume do reservatório, válvulas e equipamentos.
   c) Equipamentos, perdas e volume do reservatório.
   d) Perdas, reservas e vazão do compressor.
   e) Erros de cálculo, reservas e perdas.

3. Os sistemas pneumáticos compreendem a compressão, o tratamento, o armazenamento e a distribuição de ar comprimido para atender a diferentes aplicações industriais. Essas aplicações industriais referem-se a:
   a) compressores de parafuso ou de pistão.
   b) válvulas direcionais e de segurança.
   c) equipamentos e ferramentas.
   d) reservatórios de ar comprimido.
   e) rede de distribuição.

4. Com relação à rede de distribuição pneumática, analise os itens a seguir.
   I. Estabiliza o fluxo de ar comprimido.
   II. Armazena ar comprimido.
   III. Compensa as flutuações de pressão e demanda do ar.
   IV. Realiza a secagem do ar.
   Assinale qual das opções abaixo está correta.
   a) As afirmativas I e II estão corretas.
   b) As afirmativas III e IV estão corretas.
   c) As afirmativas I e III estão corretas.
   d) As afirmativas II e III estão corretas.
   e) As afirmativas I e IV estão corretas.

5. Numa rede distribuidora, para que haja eficiência, segurança e economia, três fatores são fundamentais. Quais são esses fatores?

a) Baixa queda de pressão entre compressor e pontos de utilização, baixo nível de vazamento do sistema, separação do condensado.

b) Alta capacidade volumétrica do compressor para compensar vazamentos, separação do condensado, alta pressão de trabalho do compressor.

c) Baixa queda de pressão entre o compressor e o reservatório, vazão elevada do compressor, baixo nível de vazamento do sistema.

d) Compensação das alterações na demanda de ar comprimido, trabalho com baixar pressões, separação do condensado.

e) Alta capacidade volumétrica do compressor para compensar vazamentos, baixa queda de pressão entre compressor e pontos de utilização, vazão elevada do compressor.

Referências

AGOSTINI, N. *Sistemas pneumáticos industriais*. Rio do Sul: SIBRATEC, 2014.

CHP. *Válvulas pneumáticas:* conheça suas funções. Campinas, 2014. Disponível em: <http://chp.com.br/site/index.php/valvulas-pneumaticas-conheca-suas-funcoes/#.Wx-fU4pKjlU>. Acesso em: 12 jun. 2018.

FIALHO, A. B. *Automação pneumática:* projetos, dimensionamento e análise de circuitos. São Paulo: Érica, 2003.

PARKER. *Tecnologia pneumática industrial:* apostila M1001-1 BR. Jacareí, c2018. Disponível em: <https://www.parker.com/literature/Brazil/apostila_M1001_1_BR.pdf>. Acesso em: 11 jun. 2018.

TECNI-AR. *Vantagens da automação pneumática*. Contagem, c2018. Disponível em: <http://www.tecniar.com.br/noticias/vantagens-da-automacao-eletro-pneumatica/>. Acesso em: 12 jun. 2018.

Leituras recomendadas

BORTOLIN, E. *Dimensionamento de um sistema de ar comprimido para uma empresa de pequeno porte*. 2014. Trabalho Final de Curso–Curso de Engenharia Mecânica, Faculdade Horizontina, Horizontina, 2014.

CROSER, P.; EBEL, F. *Pneumática*. Denkendorf: Festo Didactic, 2002.

MANFRINATO, M. D. *Pneumática*. São Paulo: Universidade Paulista, 2009.

Controles pneumáticos

Objetivos de aprendizagem

Ao final deste texto, você deve apresentar os seguintes aprendizados:

- Definir os controladores pneumáticos.
- Reconhecer sistemas de controles pneumáticos.
- Descrever a atuação de controles pneumáticos em sistemas de manufatura.

Introdução

Até pouco tempo atrás, a principal característica do processo de manufatura era ter o homem como o responsável pelo controle e pela execução de todos os procedimentos envolvidos no processo. O problema dessa característica era que a produtividade podia ser considerada baixa, e a qualidade dependia unicamente da habilidade do operador. Com o surgimento da máquina a vapor, começou a ganhar força a ideia de se utilizarem máquinas para executar etapas do sistema produtivo. As primeiras máquinas a vapor eram dependentes do homem para o controle de suas ações, mas já representavam um avanço em termos de força e velocidade.

Com a invenção do regulador mecânico para a pressão do vapor, por James Watt, a máquina passou a ter um uso industrial importante, pois agora a pressão do vapor era regulada automaticamente por um dispositivo, permitindo à máquina efetuar um trabalho. Surgiu então o processo industrial, em substituição ao processo de manufatura, no qual máquinas realizavam parte do processo de produção. Entretanto, ainda não existia o controle automático do processo, dado que toda ação da máquina dependia da supervisão e atuação do homem. Com o surgimento e aperfeiçoamento da pneumática, alguns processos puderam ser automatizados, por meio da utilização de válvulas e controladores pneumáticos.

Neste capítulo, você vai aprender sobre o que são essas válvulas reguladoras e esses controladores pneumáticos. Além disso, conhecerá sistemas básicos de controles pneumáticos e entenderá a forma de atuação dos controladores em sistemas de manufatura.

Controladores pneumáticos

As primeiras aplicações de ar comprimido ocorreram por volta do ano 2.500 a.C. Mais tarde, ele passou a ser utilizado em equipamentos de mineração, em usinas siderúrgicas e até mesmo em órgãos musicais. Porém, a utilização dos sistemas pneumáticos na indústria começou a ocorrer em meados do século XIX, em ferramentas de perfurar, locomotivas e outros dispositivos acionados por ar comprimido.

Por volta de 1920, o ar comprimido começou a ser utilizado como ar de controle na automatização e racionalização dos processos de trabalho, e passou a ser amplamente utilizado a partir de 1950. Nos primeiros sistemas que surgiram, utilizavam-se apenas válvulas pneumáticas, cujo controle era realizado manualmente, por meio do operador humano, o qual detectava, controlava e acionava o sistema. Em outras palavras, o homem verificava a necessidade de ação, realizava a devida correção e manipulava o controle de forma adequada.

Em seguida, surgiram os controladores pneumáticos de processo, os quais eram acionados por ar, em conjunto com uma válvula moduladora que se abria em função da pressão aplicada. Isso permitia controlar a temperatura, pressão e vazão em sistemas complexos de forma adequada. Com a constante evolução da tecnologia, surgiu a aplicação de comando e controle pneumático baseado nas funções lógicas, semelhante à atuação do computador, em máquinas e instalações industriais — geralmente executando movimentos físicos definidos.

Com controle programado, cada operação é executada de acordo com um plano predeterminado, que estabelece a posição exata em que cada operação deve começar e terminar. Os comandos podem ser armazenados num eixo com ressaltos (cames), num tambor rotativo, em cartões perfurados e na memória de computador, por meio de programas específicos (software). Há, entretanto, muitas aplicações nas quais é impossível prever exatamente quando ocorrerá cada operação, e quanto tempo ela durará. Por isso, o controle pneumático de máquinas e instalações industriais geralmente é feito de forma sequencial: o fim de cada passo fornece um comando para o início da etapa seguinte.

Controladores são dispositivos que monitoram sinais de transdutores e atuam de forma adequada para manter o processo dentro dos limites especificados, de acordo com uma programação previamente definida, ativando e controlando os atuadores necessários. Nesse contexto, os transdutores são dispositivos que podem converter uma forma de energia em outra — muitos são classificados como sensores. Como exemplo de transdutor, podemos citar um termopar, que converte a temperatura em tensão. Por outro lado, os atuadores pneumáticos são dispositivos mecânicos capazes de transformar a energia cinética, que é gerada pela compressão do ar, em energia mecânica, que pode ser amplamente utilizada em diversas situações (DUNN, 2003).

O controlador pneumático é responsável por regular a pressão do ar entre os vários postos de trabalho em uma fábrica. Ligado a uma linha de ar principal de um compressor de ar, o controlador pneumático possibilita ao operador ajustar o controlador e variar a pressão de ar, permitindo que a pressão de ar principal possa permanecer em um alto nível operacional. O principal benefício de se ajustar a pressão do ar por meio de um controlador pneumático é que a condensação do compressor com velocidade variável é eliminada, reduzindo assim a quantidade de água no sistema de ar.

A maioria das máquinas de ar comprimido exige diferentes pressões de ar para funcionar corretamente; é por isso que o controlador pneumático é um ativo valioso para o sistema. Agindo como uma placa de circuito elétrico, ele é capaz de ajustar e dividir o suprimento de ar. Uma vez ajustado, o ar é direcionado na pressão adequada para os componentes individuais. A maioria das plantas de fabricação usa um tipo de controlador pneumático nas linhas de ar principais; outras usam um controlador pneumático separado em cada estação de trabalho. Esse arranjo permite que um único operador consiga fazer ajustes precisos em cada ferramenta, a fim de produzir os melhores resultados possíveis em cada estação de trabalho. Muitas vezes, o controlador pneumático individual também permite uma fácil manutenção, sem parar a produção na linha inteira.

Os equipamentos e as ferramentas de ar comprimido são propensos à ferrugem e aos danos resultantes da água que se acumula dentro do sistema de ar. Muitos controladores pneumáticos permitem a inserção de dispositivos de lubrificação automática. Esses dispositivos oferecem um gotejamento lento, mas constante, de óleo na linha de ar. Com isso, a ferrugem e os demais danos são eliminados, e há menos tempo de inatividade. Os modelos de controladores são muitas vezes instalados diretamente atrás de um compressor de ar. Essa instalação permite que os múltiplos compressores sejam operados em intervalos, sem prejudicar a produção. Como o controlador é ligado de um compressor para o outro, pode então ser desligado, a fim de realizar a manutenção do equipamento, enquanto o outro mantém a produção de ar para a planta. Com esse tipo de sistema, uma unidade inteira de compressão pode ser removida e substituída, sem ser necessário interromper a produção (BRANCO, c2018, documento on-line).

Sistemas de controles pneumáticos

Sistemas de controle

Essa denominação é empregada quando se interpreta que determinado conjunto de componentes interconectados tem como função principal a realização de uma ou mais ações que são observadas ao longo do tempo, e cuja modificação decorre da aplicação de sinais de entrada. Essas ações podem ser o controle ou a regulagem de posição, velocidade ou força em um cilindro, ou de vazão ou pressão em um circuito. O comportamento dessas variáveis é observado no tempo, ou seja, pretende-se verificar, por exemplo, em quanto tempo uma posição é alcançada ou qual a magnitude da oscilações e picos de pressão que estão ocorrendo no circuito (DE NEGRI, 2001).

Conforme você pode visualizar na Figura 1, em um sistema de controle pneumático, precisamos saber qual a sequência e os parâmetros do processo. Em essência, é necessário um dispositivo capaz de converter uma grandeza física do processo em uma grandeza mecânica (atuador). Este, por sua vez, vai alterar a situação em que o processo se encontra, resultando em uma grandeza elétrica, para que o processo possa ser medido. O elemento responsável por realizar a medida é o transdutor. O indicador transformará os dados do transdutor em dados de entrada, que vão corrigir o sistema, a fim de mantê-lo funcionando de forma constante.

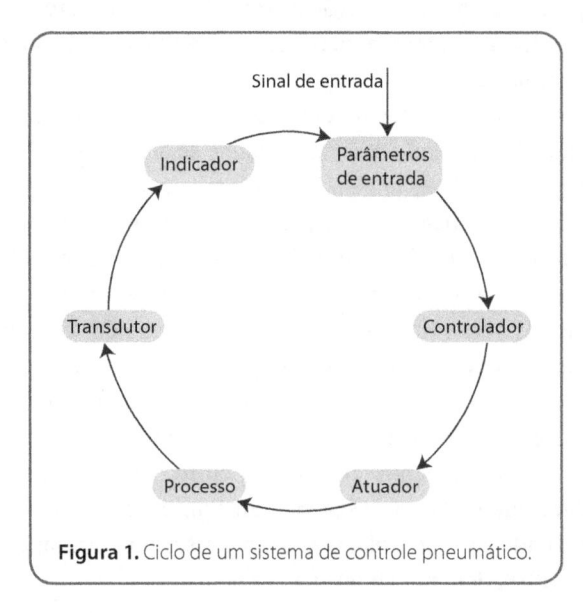

Figura 1. Ciclo de um sistema de controle pneumático.

A principal função do controlador pneumático é fechar a válvula de segurança de superfície pneumática. Se a pressão ultrapassar os limites preestabelecidos para baixa ou alta pressão, o controlador pneumático automaticamente despressuriza o atuador e fecha a válvula gaveta. Ele também permite o fechamento manual, acionando o relé pneumático. O controlador pneumático está desenhado como uma unidade compacta, que pode monitorar pressões de linha desde 10 PSI (0,7 bar) até 11.480 PSI (791 bar) e opera em temperatura de 30 °C (–22 °F) até 80 °C (176 °F) (WEB NORDESTE LTDA, c2018, documento on-line). A Figura 2 apresenta um exemplo de controlador pneumático.

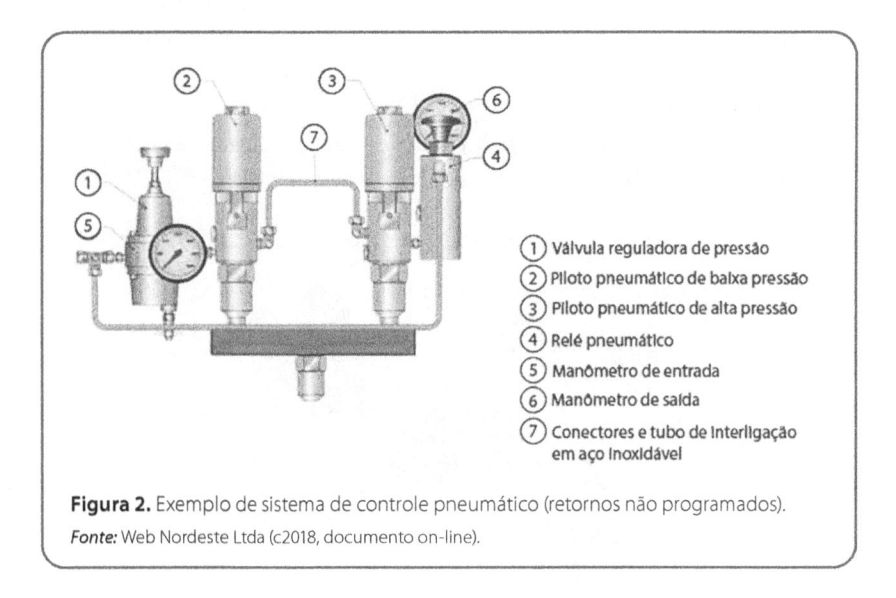

Figura 2. Exemplo de sistema de controle pneumático (retornos não programados).
Fonte: Web Nordeste Ltda (c2018, documento on-line).

O sistema de controle pneumático é um conjunto de componentes, que podem variar de acordo com a necessidade do sistema a ser utilizado. Conforme o exemplo abordado na Figura 2, esse sistema de controle possui sete componentes, os quais serão descritos a seguir:

- **Válvula reguladora de pressão:** tem como função manter constante a pressão de trabalho, independentemente do consumo de ar e da pressão da rede. Vale salientar a necessidade da utilização desse tipo de válvula, antes de cada equipamento consumidor de ar comprimido, como forma de adequar a pressão de alimentação às suas especificações (PEQUENO, 2011).

- **Piloto pneumático:** trata-se da forma como será acionada a válvula — nesse caso, será por meio pneumático. Os acionamentos por pressão piloto são utilizados em válvulas com funções lógicas ou amplificadoras dentro dos circuitos. Podem ser de piloto positivo (aumento da pressão na câmara), piloto negativo (exaustão do ar comprimido de uma câmara) ou por diferencial de áreas (mesma pressão atuando em áreas opostas e de valores distintos).
- **Relé pneumático:** pode ser considerado como um interruptor, pois ele será o responsável por abrir ou fechar as válvulas pneumáticas, em função da pressão.
- **Manômetro:** trata-se de um equipamento utilizado para medir a pressão de gases e líquidos. As aplicações desse equipamento são diversas, podendo ser utilizado para medir a pressão em máquinas industriais e pneumáticas, e até mesmo a pressão arterial (SILVA JÚNIOR, c2018, documento on-line).
- **Conectores e tubo de interligação:** são responsáveis por realizar as ligações da tubulação no sistema, como os cotovelos e tês (Figura 3).

Figura 3. Exemplos de conectores e tubos de ligação.
Fonte: eBay (c1995-2018, documento on-line).

Em relação à válvula pneumática utilizada no sistema de controle, ela pode variar de acordo com a necessidade do sistema a ser escolhido. Pode-se optar por uma válvula reguladora de pressão ou uma válvula reguladora de fluxo.

Válvula reguladora de pressão

Essas válvulas se caracterizam por limitar a pressão máxima do sistema, controlar operações sequenciais, balancear forças mecânicas externas e atividades que envolvem mudanças na pressão durante a operação. São classificadas de acordo com o tipo de conexão, o tamanho e a faixa de operação. O esquema de funcionamento dessas válvulas é apresentado na Figura 4.

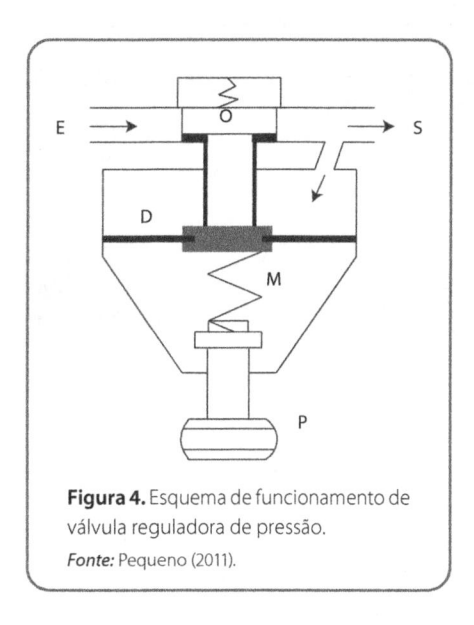

Figura 4. Esquema de funcionamento de válvula reguladora de pressão.
Fonte: Pequeno (2011).

O funcionamento da válvula ocorre da seguinte forma: o diafragma (D) é pressionado pelo ar pressurizado na saída (S); do outro lado, há uma mola (M) ajustada pelo parafuso (P); preso ao diafragma está o obturador (P), inicialmente fechando a passagem de ar. Quando a mola é comprimida pelo parafuso, o diafragma sobe, deslocando o obturador e permitindo a passagem do ar. Se o consumo diminuir, a pressão de saída tende a aumentar, aumentando a força sobre o diafragma, deslocando-o para baixo e diminuindo a área de passagem pelo obturador, o que estabiliza a pressão. Quando o consumo aumenta, ocorre o oposto. Dessa forma, o regulador mantém a pressão de saída constante, adequando a vazão do obturador ao consumo.

Válvula reguladora de fluxo

Essas válvulas possibilitam o controle de velocidade de cilindros e motores, além de gerar retardos de sinais. Podem regular o fluxo pressurizado que está entrando no atuador ou o fluxo despressurizado na saída deste (PEQUENO, 2011). O esquema de funcionamento da válvula reguladora de fluxo, tanto uni quanto bidirecional, é apresentado na Figura 5.

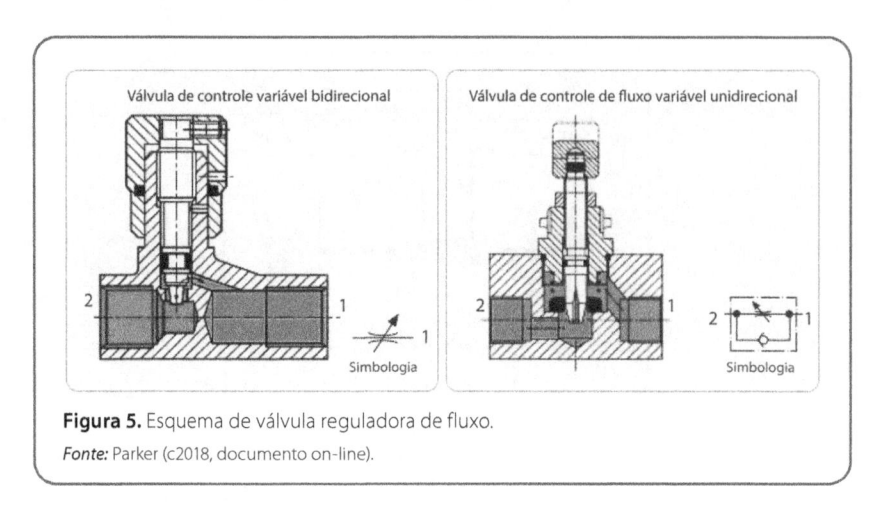

Figura 5. Esquema de válvula reguladora de fluxo.
Fonte: Parker (c2018, documento on-line).

Em um sistema pneumático, em alguns casos, é necessário que ocorra a diminuição da quantidade de ar que passa pela tubulação — situação que ocorre constantemente, para regular a velocidade dos atuadores ou formar condições de temporização pneumática. As válvulas podem ser bidirecionais, unidirecionais, fixas ou variáveis.

Atuação de controles pneumáticos em sistemas de manufatura

Em um processo industrial, o ideal é que o processo funcione sempre de forma constante. Nesse sentido, é exatamente esta a função do controlador pneumático: fazer com que o sistema funcione de forma contínua, sem interrupções. Dessa forma, sempre que ocorrer alguma variação na pressão (ou no fluxo) do fluido, o controlador é ativado, liberando ou impedindo a válvula, a fim de alterar a pressão de ar dentro do atuador e movimentar o cilindro para uma nova posição, de acordo com a necessidade do processo. O equilíbrio do processo entre o fornecimento e a demanda do fluido ocorre a cada novo posicionamento do cilindro.

A Figura 6 ilustra o sistema de controle pneumático de um forno utilizado no aquecimento de metais, os quais passam pelo processo de tratamento térmico. Nesse caso, o sensor de temperatura do forno move uma palheta que controla o fluxo de ar a partir de um bocal. Quando a temperatura do forno atinge o ponto de ajuste, o sensor move a palheta em direção ao bocal, de forma a interromper o fluxo de ar e permitir que a pressão aumente. O relé de controle de ar é responsável por ligar o fluxo de ar à válvula de controle, interrompendo o fornecimento de combustível para o forno. Quando a temperatura do forno é reduzida abaixo do nível de ajuste, a palheta é aberta pelo sensor, reduzindo a pressão de ar no fole. Esse processo resulta na abertura da válvula de controle, permitindo que a pressão do ar seja reduzida. Assim, a válvula é aberta, possibilitando o fornecimento de combustível para o forno.

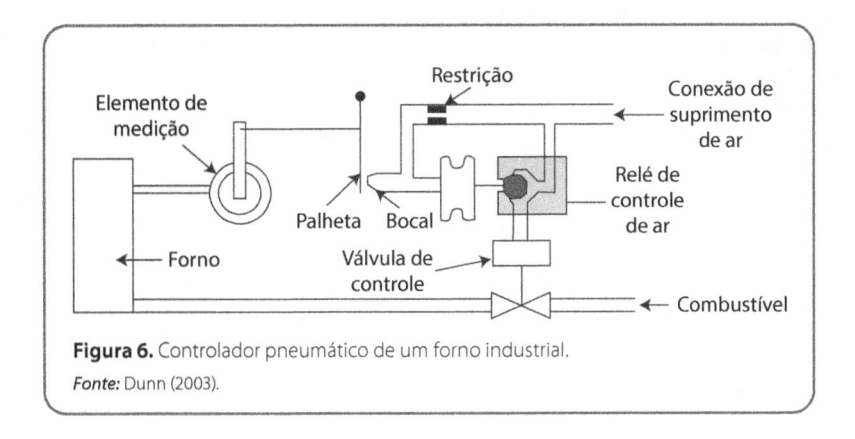

Figura 6. Controlador pneumático de um forno industrial.
Fonte: Dunn (2003).

Em relação às válvulas pneumáticas controladoras de fluxo, suponha que, em determinado processo industrial automatizado, seja necessário que um cilindro (atuador) tenha um avanço lento e um retorno rápido. Nesse caso, devemos utilizar uma válvula controladora de fluxo: ao acionar o cilindro, o fluxo de ar será baixo, e para retornar o cilindro à posição inicial, o seu retorno deverá ser rápido — quando o fluxo de ar comprimido aumenta. Exemplos de máquinas que utilizam uma válvula controladora de fluxo são o torno CNC e a serra fita CNC (para corte de madeira), os quais utilizam esse tipo de válvula para prender e soltar o material. Da mesma forma, diversas impressoras 3D possuem um sistema pneumático e utilizam esse tipo de válvula na impressão das peças.

Exercícios

1. As primeiras aplicações do ar comprimido ocorreram em equipamentos de mineração e até mesmo em instrumentos musicais. A utilização dos sistemas pneumáticos na indústria começou em meados do século XIX. Por volta de 1920, começou a ser utilizado como ar de controle na automatização e racionalização dos processos de trabalho, passando a ser amplamente aplicado a partir de 1950. Como era realizado o controle dos primeiros sistemas pneumáticos?
   a) Eletricamente.
   b) Mecanicamente.
   c) Manualmente.
   d) Eletronicamente.
   e) Hidraulicamente.

2. A aplicação de comando e controle pneumático com base nas funções lógicas em máquinas e instalações industriais, que permite a execução de movimentos físicos definidos, só foi possível devido:
   a) à expansão da utilização da pneumática.
   b) à criação de novos de elementos pneumáticos.
   c) a maior capacitação dos operadores.
   d) à evolução tecnológica.
   e) a preços mais acessíveis dos elementos pneumáticos.

3. É um dispositivo que monitora os sinais e atua de forma adequada para manter o processo dentro dos limites especificados, de acordo com uma programação previamente definida, ativando e controlando o sistema. Como esse dispositivo é chamado?
   a) Controlador.
   b) Cilindro.
   c) Transdutor.
   d) Atuador.
   e) Piloto pneumático.

4. As válvulas pneumáticas são componentes pneumáticos utilizados para controlar e manipular a direção, pressão ou vazão de ar comprimido. Nesse contexto, assinale a alternativa referente às válvulas controladoras de pressão.
   a) São válvulas que permitem a passagem de ar apenas para um dos lados, bloqueando a direção contrária.
   b) Esse tipo de válvula tem como função manter constante a pressão de trabalho, independentemente do consumo de ar e da pressão da rede.
   c) São utilizadas para medir a pressão de gases e líquidos.
   d) Trata-se de um tipo de válvula caracterizada por duas entradas, cuja função é isolar o sistema em um trecho específico.
   e) É responsável por abrir ou fechar as válvulas pneumáticas, em função da pressão.

5. Em um sistema pneumático, em alguns casos, é necessário que ocorra a diminuição da quantidade de ar que passa pela tubulação. Essa

situação ocorre constantemente para regular a velocidade dos atuadores ou formar condições de temporização pneumática. Para isso, utiliza-se qual tipo de válvula?

a) Válvula de pressão.
b) Válvula de bloqueio.
c) Válvula direcional.
d) Válvula de fluxo.
e) Válvula de isolamento.

Referências

BRANCO, R. *O que é um controlador pneumático*. Manutenção e Suprimentos, c2018. Disponível em: <http://www.manutencaoesuprimentos.com.br/conteudo/4951-o--que-e-um-controlador-pneumatico/>. Acesso em: 15 jun. 2018.

DE NEGRI, V. J. *Sistemas Hidráulicos e Pneumáticos para Automação e Controle:* Parte III - Sistemas Hidráulicos para Controle. Universidade Federal de Santa Catarina. Florianópolis, p. 80. 2001.

DUNN, W. C. *Fundamentos de instrumentação industrial e controle de processos*. Porto Alegre: Bookman, 2013.

EBAY. *Various pneumatic fittings air valve water hose tube pipe connector joiner LJ*. c1995-2018. Disponível em: <https://www.ebay.com/i/112680776249?roken2=tf.pcGxh.g778.cpin.am&item=112680776249&version=A>. Acesso em: 16 jun. 2018.

PARKER. *Tecnologia pneumática industrial:* apostila M1001-1 BR. Jacareí, c2018. Disponível em: <https://www.parker.com/literature/Brazil/apostila_M1001_1_BR.pdf>. Acesso em: 15 jun. 2018.

PEQUENO, D. A. C. *Hidráulica e pneumática*. Fortaleza: CEFET Ceará, 2011.

SILVA JÚNIOR, J. S. *Para que serve um manômetro?* Brasil Escola, c2018. Disponível em: <https://brasilescola.uol.com.br/fisica/para-que-serve-um-manometro.htm>. Acesso em: 15 jun. 2018.

WEB NORDESTE LTDA. *Controladores pneumáticos*. Simões Filho, c2018. Disponível em: <http://webnordeste.com.br/produtos/seguranca-de-superficie/controladores--pneumaticos>. Acesso em: 15 jun. 2018.

Leitura recomendada

PAVANI, S. A. *Comandos pneumáticos e hidráulicos*. 3. ed. Santa Maria: UFSM, 2011.

Atuadores pneumáticos

Objetivos de aprendizagem

Ao final deste texto, você deve apresentar os seguintes aprendizados:

- Explicar o princípio de funcionamento dos atuadores pneumáticos.
- Identificar os tipos de atuadores pneumáticos.
- Selecionar um atuador pneumático em função da aplicação.

Introdução

Os atuadores são componentes indispensáveis na pneumática, com uma vasta gama de aplicação. Eles são os responsáveis por executar as atividades de movimentação do sistema de ar comprimido e são cada vez mais empregados nas atividades em que a automação dos processos é necessária para garantir competitividade e produtividade. O atuador tem como função aplicar energia mecânica sobre uma máquina, ou seja, realizar determinado trabalho.

Os atuadores podem ser classificados de acordo com o movimento que realizam. Esse movimento, por sua vez, pode ser linear (quando o movimento realizado é simples e direto) ou rotativo (quando o movimento realizado é giratório). Como os cilindros realizam operações repetitivas, deslocando-se em ambos os sentidos, devem ser projetados e construídos de forma cuidadosa para minimizar o desgaste de componentes e evitar vazamento de fluidos, aumentando sua vida útil.

Neste capítulo, você vai estudar o princípio de funcionamento dos atuadores pneumáticos e conhecer os principais tipos de atuadores utilizados. Além disso, vai ver como selecionar um atuador pneumático em função da sua aplicação.

Princípio de funcionamento dos atuadores pneumáticos

Atuadores pneumáticos são elementos mecânicos que, por meio de movimentos lineares ou rotativos, transformam a energia cinética gerada pelo ar pressurizado e em expansão em energia mecânica, produzindo trabalho (FIALHO, 2003).

Os atuadores são utilizados em circuitos pneumáticos e são responsáveis por realizar determinado trabalho por meio da conversão de energia cinética em energia mecânica. Destaca-se como principal tipo de atuador pneumático o atuador linear (cilindro). Esse elemento é amplamente utilizado em automóveis, pois sua manutenção e sua fixação são simples. Os atuadores lineares possuem grande variedade de formas construtivas e a maioria é normalizada. Além disso, também são utilizados nas linhas de envasamento de refrigerantes, entre outras aplicações. Na Figura 1, a seguir, você pode ver atuadores pneumáticos.

Figura 1. Atuadores pneumáticos.
Fonte: Conecfit ([201-?]).

O princípio de funcionamento dos atuadores pode variar um pouco de acordo com o tipo de atuador. A seguir, você pode ver os princípios de alguns atuadores.

- **Princípio de funcionamento do atuador linear de simples efeito:** o ar comprimido parte de um comando de uma válvula controladora direcional que, ao ser acionada, permite que o ar seja injetado no interior do cilindro por meio de uma mangueira. Com isso, eleva-se a pressão do ar na câmara sobre o êmbolo do cilindro até o ponto de superar a força exercida pela mola, o que resulta no movimento de extensão da haste

(FIALHO, 2003). Enquanto a válvula permanecer acionada, a pressão do ar continuará atuando no interior do cilindro pneumático, mantendo assim a haste distendida. Somente com o desligamento da válvula é que o fluxo de ar deixa de ser direcionado para o interior do atuador. Assim, a mesma conexão serve para a exaustão do ar, em função da força restauradora da mola. Para esse uso, a mola é dimensionada para possibilitar um rápido retorno da haste, contudo sem permitir que a velocidade de retorno seja demasiadamente elevada a ponto de absorver grande energia cinética e dissipá-la com grande impacto do êmbolo ao fundo da câmara, o que causaria danos ao atuador (FIALHO, 2003). Observe o esquema mostrado na Figura 2, que ilustra a representação simbólica normalizada do cilindro com retorno por mola.

Saiba mais

Por questões funcionais, o uso do atuador linear de simples efeito não é aconselhado para aplicações que requeiram curso superior a 100 mm.

Figura 2. (a) Atuador linear de simples efeito, normalmente retraído, com retorno por mola e (b) atuador linear de simples efeito, normalmente distendido, com retorno por mola.
Fonte: Fialho (2003, p. 79).

- **Princípio de funcionamento do atuador linear de duplo efeito:** nesse caso, o atuador comandado pela válvula controladora direcional é mantido recuado em função do ar que mantém preenchida sua câmara frontal. Ao ser alterado o fluxo de ar pela válvula controladora, será permitido que o ar comprimido provido da linha de alimentação seja injetado por uma mangueira, elevando-se a pressão na câmara traseira até o ponto de superar as forças de atrito, provocando com isso sua extensão (FIALHO, 2003).

Enquanto a válvula controladora permanecer acionada, a pressão do ar continuará atuando no interior do cilindro pneumático, mantendo assim a haste distendida. Somente quando o fluxo de ar da válvula é alterado novamente para o sentido oposto é que cessa o fluxo de ar para o interior da câmara traseira do atuador. Com isso, o ar provindo da linha passa a ser insuflado pela conexão à câmara frontal, provocando o retorno da haste (FIALHO, 2003).

A Figura 3 apresenta uma ilustração simbólica e normalizada de acordo com a DIN/ISO 1.929.

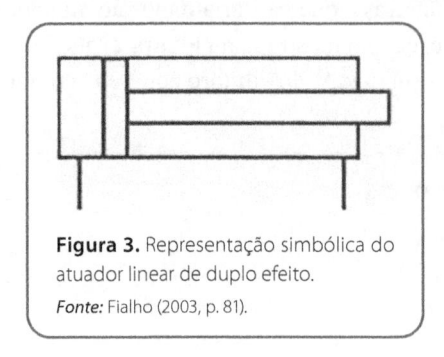

Figura 3. Representação simbólica do atuador linear de duplo efeito.
Fonte: Fialho (2003, p. 81).

- **Princípio de funcionamento do atuador linear com amortecimento:** o funcionamento ocorre pela verificação da posição em que o atuador se encontra em relação ao movimento de retração da haste, como você pode ver na Figura 4. Dessa forma, ao analisar os momentos finais de retração da haste e o fundo da câmara traseira, observe que o conjunto êmbolo e haste tem um primeiro contato com a ponta amortecedora da haste, amortecendo o impacto entre o fundo do cilindro e a haste. Além disso, ocorre também o bloqueio da cavidade, impedindo que a haste se retraia ainda mais (FIALHO, 2003).

Não podendo mais ser exaurido por esse caminho, o ar cria um efeito semelhante ao de uma almofada de ar, ou seja, cria um efeito de amortecimento. Com isso, a vazão de saída do ar sofre uma redução sensível, diminuindo então a velocidade final e evitando o impacto direto da haste com a tampa traseira (FIALHO, 2003).

Os amortecedores de fim de curso podem ser fixos ou variáveis. A Figura 4 representa simbolicamente os tipos de atuadores lineares com amortecimento, de acordo com a norma DIN/ISO 1.929.

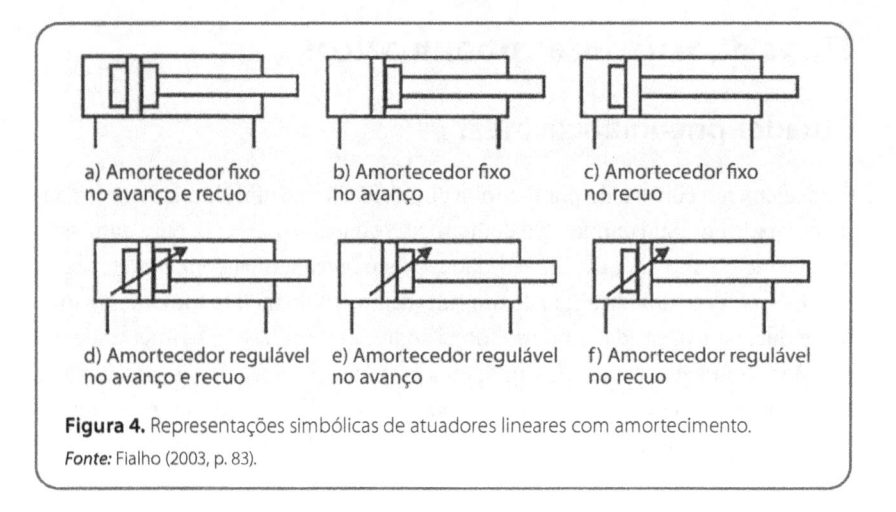

a) Amortecedor fixo no avanço e recuo

b) Amortecedor fixo no avanço

c) Amortecedor fixo no recuo

d) Amortecedor regulável no avanço e recuo

e) Amortecedor regulável no avanço

f) Amortecedor regulável no recuo

Figura 4. Representações simbólicas de atuadores lineares com amortecimento.
Fonte: Fialho (2003, p. 83).

- **Princípio de funcionamento do atuador pneumático de alto impacto:** como você pode ver na Figura 5, inicialmente a câmara A encontra-se bloqueada pela ponta traseira da haste (D). Isso faz com que a pressão do ar aumente na câmara A até que a força desenvolvida seja superior às forças opostas, de modo que o conjunto haste e êmbolo inicia rapidamente o seu movimento. Com isso, ocorre uma distinção do êmbolo (D), gerando grande quantidade de energia cinética. A importância do orifício (B), nessa concepção, consiste na produção da elevada energia cinética necessária a esse tipo de atuador, que tem como aplicação os serviços de prensagem, rebitagem, cortes, etc. A alta energia cinética é gerada durante o movimento inicial de extensão do atuador. Esse aumento de energia é proporcional à elevação da velocidade do ar ao passar pelo orifício (B) (FIALHO, 2003).

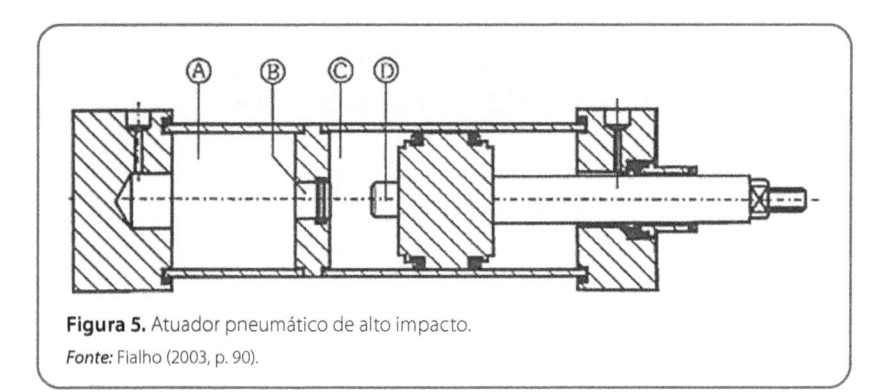

Figura 5. Atuador pneumático de alto impacto.
Fonte: Fialho (2003, p. 90).

Tipos de atuadores pneumáticos

Atuador pneumático linear

É um elemento construído por um tubo cilíndrico, tendo uma de suas extremidades fechada por uma tampa, que contém uma conexão que serve para admissão e exaustão do ar. Na outra extremidade, existe outra tampa com característica igual, no entanto dotada ainda de um furo central, pelo qual se movimenta uma haste que, na extremidade interna do cilindro, possibilita o movimento de expansão ou retração da haste. Os atuadores pneumáticos lineares são classificados basicamente em dois tipos: atuadores pneumáticos lineares de simples efeito e atuadores pneumáticos lineares de duplo efeito (FIALHO, 2003).

Atuador pneumático linear de simples efeito

É um atuador cujo movimento de retração ou expansão é feito pela ação de uma mola interna ao tubo cilíndrico "camisa", podendo ainda ter retorno por força externa. Normalmente é aplicado em dispositivos de fixação, gavetas de moldes de injeção, expulsão, prensagem, elevação e alimentação de componentes (FIALHO, 2003). Na Figura 6, a seguir, você pode ver um atuador pneumático linear de simples efeito.

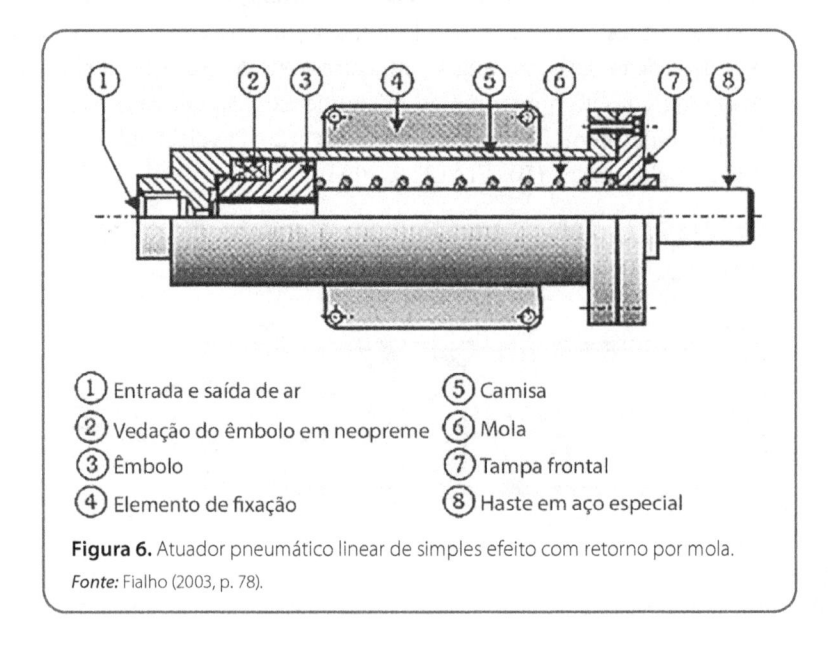

① Entrada e saída de ar
② Vedação do êmbolo em neopreme
③ Êmbolo
④ Elemento de fixação
⑤ Camisa
⑥ Mola
⑦ Tampa frontal
⑧ Haste em aço especial

Figura 6. Atuador pneumático linear de simples efeito com retorno por mola.
Fonte: Fialho (2003, p. 78).

Atuador pneumático linear de duplo efeito

É um atuador em que a alimentação e a exaustão ocorrem por meio de conexões localizadas em ambas as extremidades do atuador, de acordo com a ilustração da Figura 7. Em diâmetros comerciais, são encontrados em uma faixa de 32 a 320 mm. Também é possível encontrar uma série "mini", que engloba diâmetros de 6 a 25 mm (FIALHO, 2003).

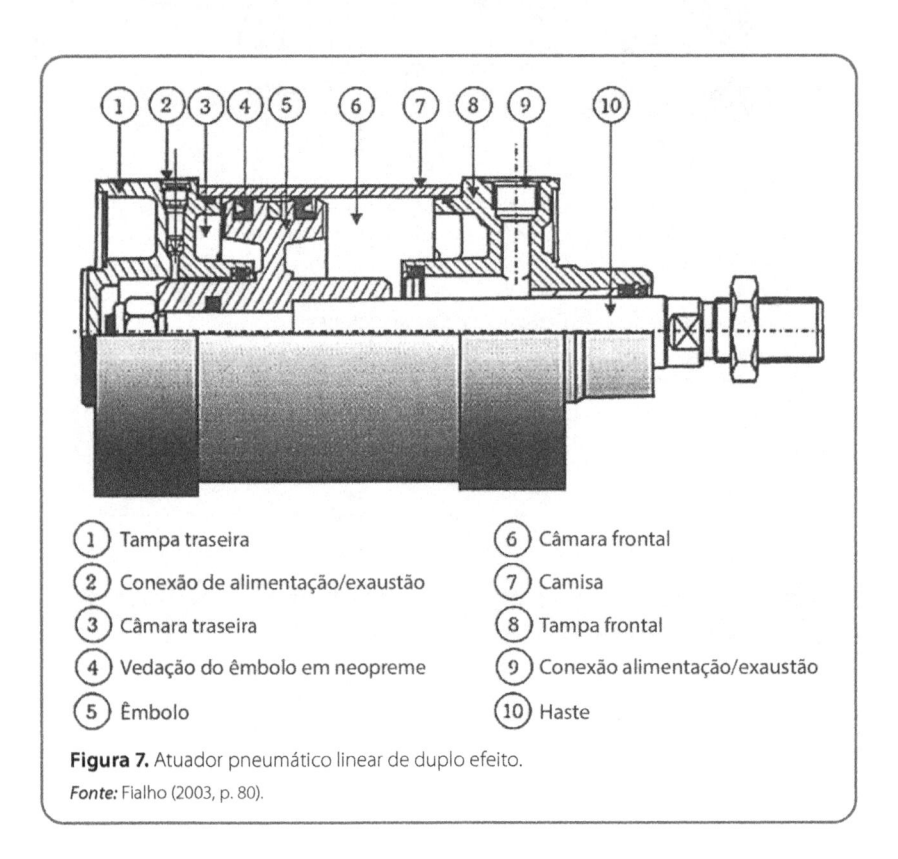

(1) Tampa traseira
(2) Conexão de alimentação/exaustão
(3) Câmara traseira
(4) Vedação do êmbolo em neopreme
(5) Êmbolo
(6) Câmara frontal
(7) Camisa
(8) Tampa frontal
(9) Conexão alimentação/exaustão
(10) Haste

Figura 7. Atuador pneumático linear de duplo efeito.
Fonte: Fialho (2003, p. 80).

Atuador pneumático linear com amortecimento

Em automação pneumática, os amortecedores de fim de curso têm a mesma aplicação, que é absorver a excessiva energia cinética gerada em função da elevada velocidade de avanço ou retorno que o atuador venha a desenvolver durante o funcionamento (FIALHO, 2003). Na Figura 8, a seguir, você pode ver um atuador pneumático linear de duplo efeito com amortecimento no avanço e no retorno.

① Cavidade traseira
② Conj. válvula de retenção
③ Câmara traseira
④ Câmara frontal
⑤ Cavidade frontal
⑥ Haste
⑦ Conj. válvula de retenção
⑧ Conexão alimentação/exaustão c/ reg. de amortecimento
⑨ Orifício de saída para amortecimento no avanço
⑩ Bucha amortecedora
⑪ Êmbolo
⑫ Ponta amortecedora da haste
⑬ Orifício de saída para amortecimento no retorno
⑭ Conexão alimentação/exaustão c/ reg. de amortecimento

Figura 8. Atuador pneumático linear de duplo efeito com amortecimento no avanço e no retorno.
Fonte: Fialho (2003, p. 82).

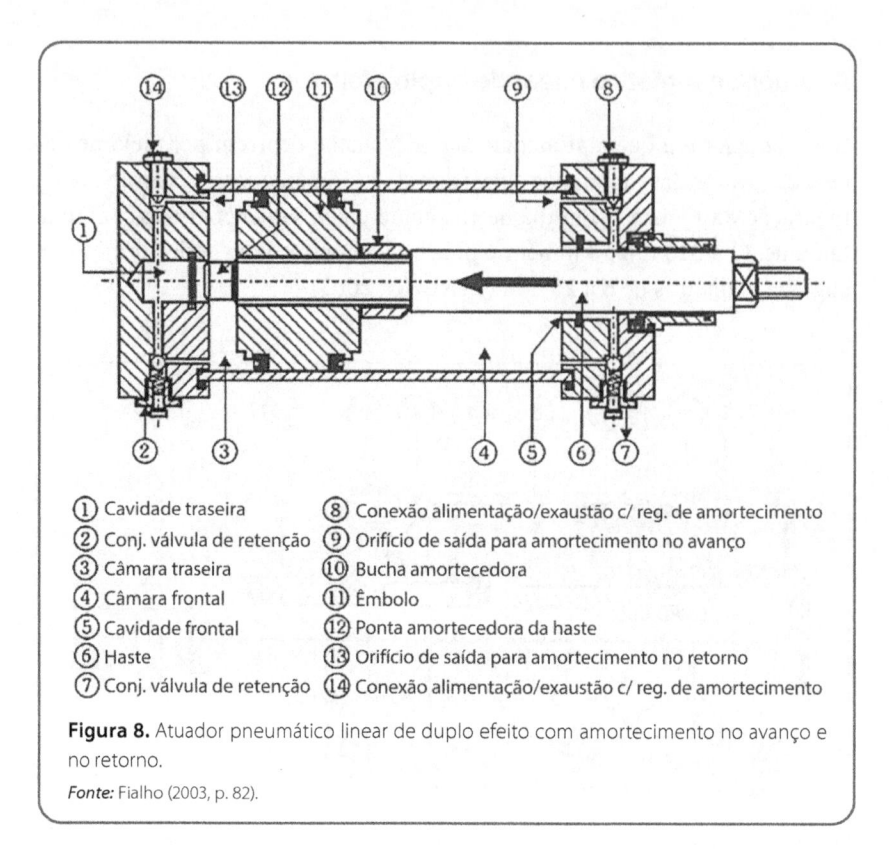

Fique atento

Lembre-se: para toda massa posta em movimento (seja com velocidade constante ou variável), haverá sempre dissipação de energia cinética.

Normalmente, os atuadores são produzidos em ligas de alumínio, o que os torna mais leves e mais baratos, no entanto mais frágeis e assim mais suscetíveis à deformação plástica. Embora a capacidade de absorção de energia seja uma função do limite elástico do material, a repetição cíclica do impacto do êmbolo em alta velocidade conduzirá à fadiga do material. Essa velocidade limite, na qual o amortecedor se faz realmente necessário, é em torno de 0,1 m/s (FIALHO, 2003).

Atuador linear de haste passante

Consiste em um atuador linear de duplo efeito que possui duas hastes contrapostas, ligadas por intermédio do êmbolo (Figura 9). Esse tipo de atuador permite a execução de trabalhos idênticos realizados simultaneamente, pois, enquanto uma haste recua, a outra avança (FIALHO, 2003). Uma característica é sua capacidade de produzir força de avanço e força de retorno idênticas. Isso ocorre pois a força de avanço de qualquer uma das hastes é também a força de retorno da outra. Além disso, esse atuador também possui igualdade de velocidades, pois a vazão de alimentação é a mesma, embora essa característica possa ser modificada com a adição de válvulas controladoras de fluxo à conexão de alimentação. Esse tipo de atuador suporta cargas laterais mais elevadas e, conforme a aplicação, permite que os elementos sinalizados sejam montados na haste livre (FIALHO, 2003).

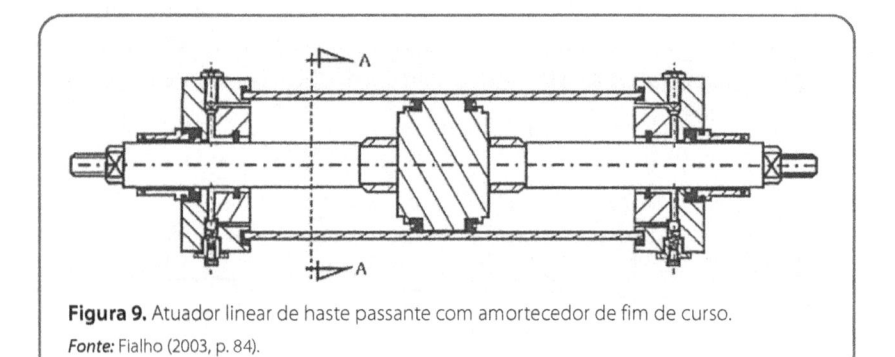

Figura 9. Atuador linear de haste passante com amortecedor de fim de curso.
Fonte: Fialho (2003, p. 84).

A Figura 10, a seguir, apresenta a representação simbólica normalizada de acordo com a DIN/ISO 1.929.

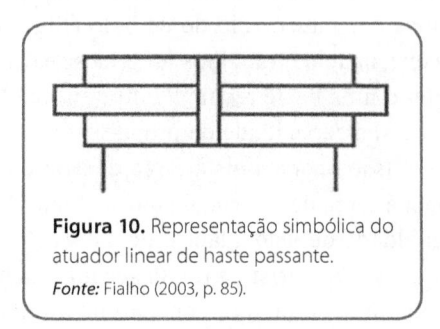

Figura 10. Representação simbólica do atuador linear de haste passante.
Fonte: Fialho (2003, p. 85).

Atuador linear duplex contínuo

Esse atuador, cuja representação você pode ver na Figura 11, resulta de dois atuadores lineares de duplo efeito de mesmo diâmetro, montados em série. Isso possibilita como característica principal a elevação da força de avanço em um valor que vai de 82 a 97%, bem como a duplicação da força de retorno (FIALHO, 2003).

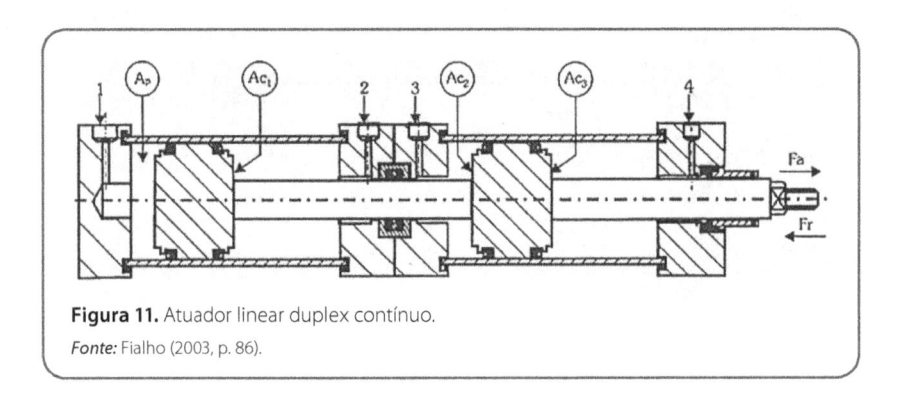

Figura 11. Atuador linear duplex contínuo.
Fonte: Fialho (2003, p. 86).

No Quadro 1, você pode ver uma análise comparativa entre as forças de avanço e retorno de um atuador normal e um atuador duplex contínuo. Nas duas últimas colunas à direita, você pode verificar o aumento percentual nas forças de avanço e retorno que o segundo atuador tem em relação ao primeiro (FIALHO, 2003).

Quadro 1. Análise comparativa entre forças de um atuador normal e um duplex contínuo

Pressão de trabalho (6 bar)		Atuador normal (N)		Atuador duplex contínuo (N)		Diferença % na Fa	Diferença % na Fr
Dp	dh	Fa1	Fr1	Fa2	Fr2	$Fa_2 > Fa_1$	$Fr_1 > Fr_2$
32	12	482	415	897	829	+86,00	+100
40	16	753	633	1.387	1.267	+84,19	+100
50	20	1.178	990	2.168	1.979	+84,00	+100
63	20	1.870	1.682	3.552	3.364	+89,94	+100
80	25	3.015	2.720	5.737	5.443	+90,28	+100
100	25	4.712	4.418	9.130	8.836	+93,73	+100
125	32	7.360	6.880	14.244	13.761	+93,53	+100
160	40	12.064	11.310	23.373	22.619	+93,74	+100
200	40	18.850	18.096	36.945	36.191	+95,99	+100

Fonte: Adaptado de Fialho (2003, p. 88).

Atuador duplex geminado

É um tipo de atuador variante do atuador duplex, modificado para atender a grandes deslocamentos e deslocamentos escalonados sem a necessidade de aplicação de força elevada. Assim, pode ter diâmetro da camisa reduzido. Sua estrutura consiste em dois atuadores pneumáticos de duplo efeito, montados um de costas para o outro, não necessitando ter mesmo diâmetro ou sequer o mesmo comprimento de curso, como você pode ver na Figura 12 (FIALHO, 2003).

Figura 12. Atuador duplex geminado.
Fonte: Fialho (2003, p. 89).

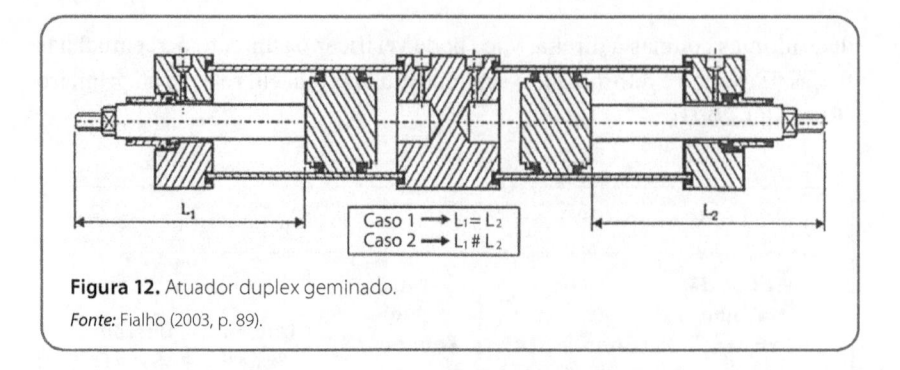

Esse atuador ainda se subdivide em: atuador duplex de hastes com curso igual ($L1 = L2$) e atuador duplex de hastes com cursos diferentes. No primeiro tipo, ambas as hastes possuem o mesmo curso, como mostra a Figura 13. Já no segundo tipo, as hastes possuem cursos diferentes ($L1 \# L2$), como você pode ver na Figura 14.

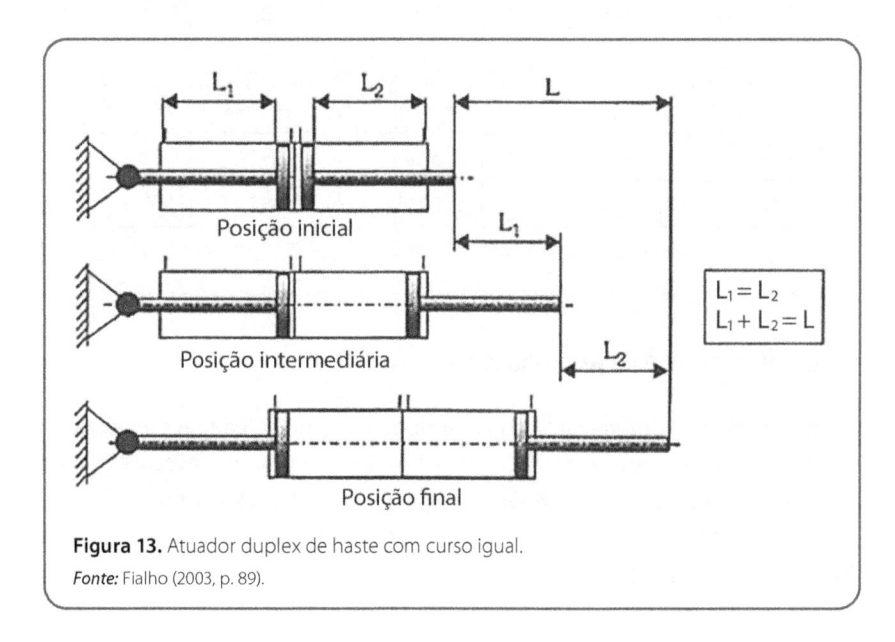

Figura 13. Atuador duplex de haste com curso igual.
Fonte: Fialho (2003, p. 89).

Figura 14. Atuador duplex de haste com curso diferente.
Fonte: Fialho (2003, p. 90).

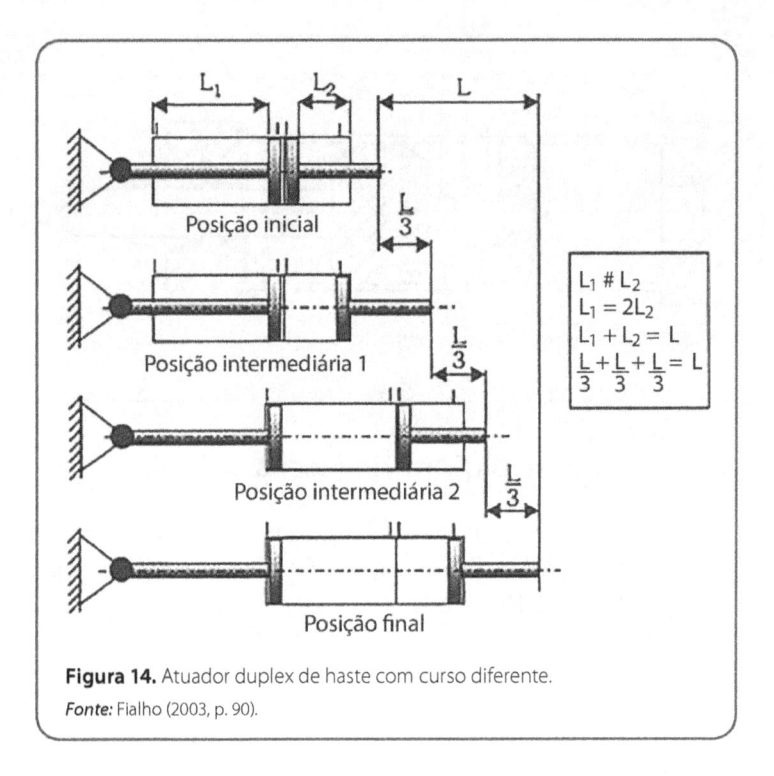

$L_1 \neq L_2$
$L_1 = 2L_2$
$L_1 + L_2 = L$
$\frac{L}{3} + \frac{L}{3} + \frac{L}{3} = L$

Atuador pneumático de alto impacto

A diferença desse atuador em relação aos demais é interna: a câmara traseira (C) possui uma divisão, formando uma pré-câmara (A). Dessa forma, a câmara traseira fica dividida em duas partes, a ligação entre a pré-câmara e a nova câmara traseira ocorre por meio de um pequeno orifício (B) que fica bloqueado pela ponta traseira da haste (D) enquanto ela estiver recolhida, como mostra a Figura 15 (FIALHO, 2003).

Figura 15. Atuador pneumático de alto impacto.
Fonte: Fialho (2003, p. 90).

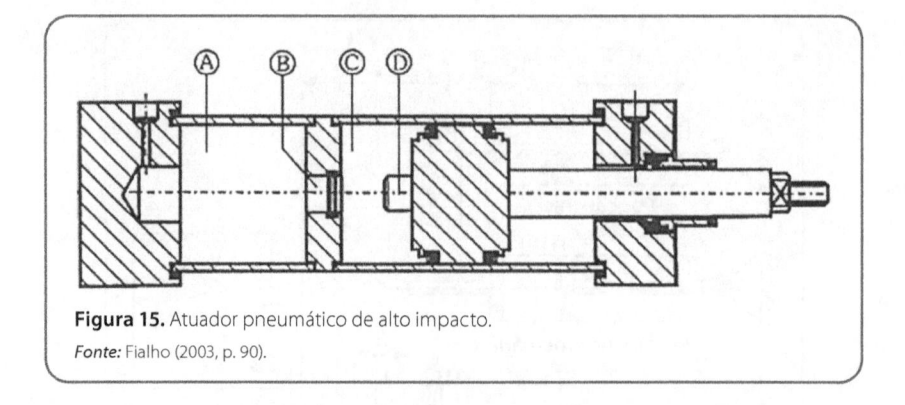

Atuador pneumático giratório (oscilante)

O estudo da cinemática demostra a impossibilidade da utilização dos atuadores pneumáticos lineares para a execução de movimentos com ângulos superiores a 120° (Figura 16) (FIALHO, 2003).

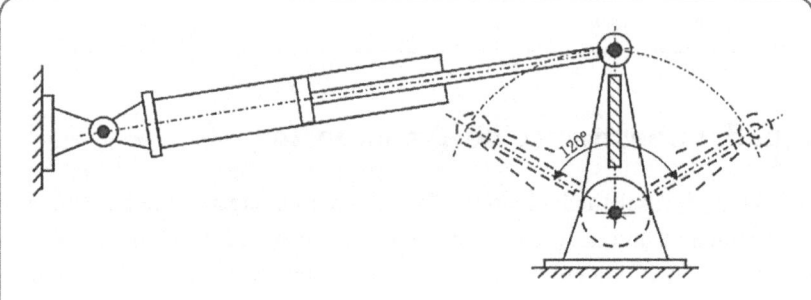

Figura 16. Dispositivo de movimento angular obtido a partir de um atuador pneumático linear montado em sistema de alavanca oscilante — o ângulo máximo possível de se obter é 120°.
Fonte: Fialho (2003, p. 95).

Para solucionar esse problema, foi desenvolvido o atuador pneumático giratório, também conhecido como atuador pneumático oscilante, que possibilita deslocamentos angulares escalonados de até 360° (Figura 17). Além disso, o atuador pneumático giratório soluciona o problema da amplitude do ângulo de deslocamento, que confere uma otimização de espaços (FIALHO, 2003).

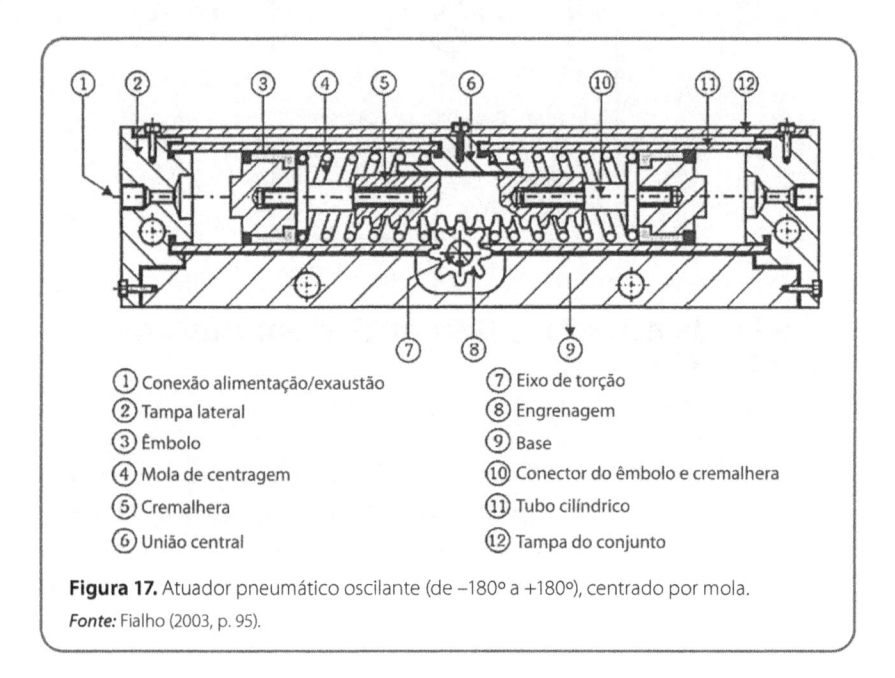

① Conexão alimentação/exaustão
② Tampa lateral
③ Êmbolo
④ Mola de centragem
⑤ Cremalheira
⑥ União central
⑦ Eixo de torção
⑧ Engrenagem
⑨ Base
⑩ Conector do êmbolo e cremalhera
⑪ Tubo cilíndrico
⑫ Tampa do conjunto

Figura 17. Atuador pneumático oscilante (de −180° a +180°), centrado por mola.
Fonte: Fialho (2003, p. 95).

A concepção básica do atuador pneumático giratório é bastante simples, pois ele consiste em dois atuadores lineares de simples efeitos, dentro de um compartimento, montados um contra o outro. Esses atuadores ficam fixos às extremidades de uma cremalheira que, ao se movimentar lateralmente devido à ação de um dos atuadores, tem seu movimento linear transmitido a um conjunto de eixo e roda dentada, alojado ao centro do equipamento. Esse conjunto converte o movimento linear em movimento rotacional e momento de torção, transmitindo-o para o equipamento que esteja montado sobre o eixo (FIALHO, 2003). A Figura 18 apresenta a representação simbólica do atuador pneumático oscilante normalizada de acordo com a DIN/ISO 1.929.

Figura 18. Representação simbólica do atuador pneumático oscilante.
Fonte: Fialho (2003, p. 85).

Seleção de atuador pneumático em função da aplicação

O dimensionamento dos atuadores lineares e rotativos é realizado a partir de uma análise dos esforços envolvidos, da amplitude de deslocamento e dos tipos de montagem. Os atuadores lineares, na maioria das aplicações, desenvolvem seus esforços durante a fase de expansão da haste. Sabe-se que no movimento de expansão ou retração da haste, com a aplicação de força, estão presentes as forças de atrito.

Na determinação e na aplicação de um comando, por regra geral, se conhece inicialmente a força ou torque de ação final requerida, que deve ser aplicada em um ponto determinado para se obter o efeito desejado (PARKER HANNIFIN, 2000).

Para que você possa dimensionar um cilindro, precisa responder a algumas questões básicas:

a) Qual é a força que o cilindro deverá desenvolver?
b) Qual é a pressão de trabalho?
c) Qual é o curso de trabalho?

Naturalmente, esses dados dependem da aplicação que se deseja do cilindro. Recomenda-se que a pressão de trabalho não ultrapasse 80% do valor da pressão disponível na rede de ar.

Como exemplo, suponha que você precisa selecionar um cilindro para levantar uma carga frágil de aproximadamente 4.900 N. O primeiro passo é a correção da força para que você tenha a força real que o cilindro vai desenvolver (considerando atrito interno, inércia, etc.). Para isso, você deve multiplicar a força dada no projeto (4.900 N) por um fator escolhido no Quadro 2 (PARKER HANNIFIN, 2000).

Quadro 2. Velocidade de deslocamento e fator de correção

Velocidade de deslocamento da haste do atuador	Exemplo	Fator de correção ϕ
Lenta, com carga aplicada somente no fim do curso	Operação de rebitagem	1,25
Lenta, com carga aplicada em todo o desenvolvimento do curso	Talha pneumática	1,35
Rápida, com carga aplicada somente no fim do curso	Operação de estampagem	1,35
Rápida, com carga aplicada em todo o desenvolvimento do curso	Deslocamento de mesas	1,50
Situações gerais não descritas anteriormente		1,25

Fonte: Adaptado de Fialho (2003, p. 98).

Diâmetro do atuador

O diâmetro do atuador é determinado em função da força de avanço (Fa), que é a força de projeto corrigida pelo fator φ, e da pressão de trabalho Pt (normalmente 58,86 Pa). Esse diâmetro refere-se ao diâmetro interno do cilindro, que é obtido pela equação da área do pistão (para o caso da força aplicada durante a fase de avanço).

$$Dp = 2.\sqrt{\frac{Ap}{\pi}}$$

No entanto, se a força for aplicada durante a fase de retorno do atuador, a variável Ap na equação deve ser alterada para a variável Ac (área da coroa).

$$Dp = 2.\sqrt{\frac{Fa}{\pi.Pt}}$$

Lembre-se de que: $Fa = Fp \cdot \varphi$

A mínima dimensão de diâmetro a ser utilizada será dada pela equação:

$$Dp = 2 \cdot \sqrt{\frac{Fp \cdot \varphi}{\pi \cdot Pt}}$$

Onde:
Dp = mínimo diâmetro aceitável do pistão (cm)
Fp = força de projeto, força necessária para a execução da operação (N)
φ = fator de correção da força de projeto
Pt = pressão de trabalho (Pa)

Consumo do ar necessário

O cálculo de consumo de ar possibilita o dimensionamento da rede de distribuição de forma mais exata (isso quando são conhecidos em detalhes todos os automatismos pneumáticos existentes). Outra aplicação ocorre quando se tem a necessidade de realizar uma análise detalhada da rentabilidade do equipamento (FIALHO, 2003).

A seguir, você pode ver o **cálculo do consumo de ar de um cilindro pneumático**. O primeiro passo para se calcular o consumo de ar em um cilindro pneumático é determinar a velocidade por meio da fórmula (PARKER HANNIFIN, 2000):

$$V = \frac{L}{t}$$

Onde:
L = curso do cilindro (dm)
t = tempo para realizar o curso (avanço ou retorno, vale o que for menor)
V = velocidade de deslocamento (dm/s)

Ou
$$V = nc.L.2$$

Onde:
L = curso do cilindro (dm)
V = velocidade de deslocamento (dm/s)
nc = número de ciclos por segundo

Depois de calculada a velocidade de deslocamento, você deve determinar o consumo de ar por meio da fórmula:
$$Q = V.A.Tc$$

Onde:
Q = consumo de ar (N dm³/s ou Nl/s), onde N = normal
V = velocidade de deslocamento (dm/s) — use sempre a maior
A = área do cilindro (dm²)
Tc = taxa de compressão = $\dfrac{1,013 + pressão\ de\ trabalho}{1,013}$

Ou
$$C = \dfrac{A.L.nc.(pt + 1,013)}{1,013 \cdot 10^6}$$

Onde:
C = consumo de ar (l/seg)
A = área efetiva do pistão (mm²)
L = curso (mm) — para os cálculos, considere o curso de avanço e retorno do cilindro
nc = número de ciclos por segundo
Pt = pressão (bar)

Uma vez calculado o diâmetro do pistão e conhecidas as demais necessidades quanto ao tipo de fixação, curso, etc., você pode procurar nos catálogos dos fabricantes um atuador pneumático que tenha diâmetro no mínimo igual ou superior (FIALHO, 2003).

No Quadro 3, a seguir, você pode ver os cilindros normalizados ISO.

Quadro 3. Cilindros normalizados ISO Parker

Dp (mm)	dh (mm)	Força (N)	Pressão (bar)									
			1	2	3	4	5	6	7	8	9	10
32	12	Avanço	64	129	193	257	332	386	450	515	579	643
		Retorno	55	100	166	221	276	322	387	442	498	553
40	16	Avanço	100	200	300	400	500	600	700	800	900	1.000
		Retorno	87	174	262	349	436	523	610	698	785	872
50	20	Avanço	157	314	470	627	784	941	1.098	1.254	1.411	1.508
		Retorno	137	274	410	547	684	821	958	1.094	1.231	1.368
63	20	Avanço	249	498	746	999,5	1.244	1.493	1.742	1.990	2.239	2.488
		Retorno	218	437	655	875	1.092	1.310	1.529	1.747	1.966	2.184
80	25	Avanço	402	803	1.205	1.606	2.008	2.410	2.811	3.212	3.614	4.016
		Retorno	371	742	1.114	1.495	1.856	2.227	2.598	2.970	3.341	3.712

(Continua)

(Continuação)

Quadro 3. Cilindros normalizados ISO Parker

Dp (mm)	dh (mm)	Força (N)	Pressão (bar)									
			1	2	3	4	5	6	7	8	9	10
100	25	Avanço	628	1.256	1.884	2.512	3.140	3.768	4.396	5.024	5.652	6.080
		Retorno	564	1.128	1.692	2.320	2.884	3.448	4.012	4.640	5.268	5.896
125	32	Avanço	982	1.963	2.945	3.927	4.909	5.890	6.872	7.854	8.836	9.817
		Retorno	917	1.835	2.752	3.670	4.587	5.504	6.422	7.339	8.257	9.174
160	40	Avanço	1.608	3.217	4.825	6.434	8.042	9.651	11.259	12.868	14.476	16.085
		Retorno	1.508	3.016	4.524	6.032	7.540	9.048	10.556	12.064	13.257	15.080
200	40	Avanço	2.513	5.027	7.540	10.053	12.556	15.080	17.593	20.106	22.619	25.133
		Retorno	2.413	4.825	7.538	9.651	12.064	14.476	16.889	19.302	21.715	24.127

Fonte: Adaptado de Fialho (2003, p. 295).

Exercícios

1. São elementos mecânicos que por meio de movimentos lineares ou rotativos transformam a energia cinética gerada pelo ar pressurizado e em expansão em energia mecânica, produzindo trabalho. Esses elementos recebem o nome de _____. Assinale a alternativa que preenche corretamente a lacuna.
   a) compressores
   b) válvulas
   c) hastes
   d) atuadores
   e) pilotos pneumáticos

2. São atuadores conhecidos pelo seu movimento de retração ou expansão, realizado pela ação de uma mola interna ao tubo cilíndrico, podendo ainda ter retorno por força externa. Essa descrição corresponde a qual tipo de atuador?
   a) Atuador linear de duplo efeito.
   b) Atuador linear com amortecimento.
   c) Atuador linear de haste passante.
   d) Atuador linear duplex contínuo.
   e) Atuador linear de simples efeito.

3. Trata-se de um atuador utilizado para atender a grandes deslocamentos sem a necessidade de aplicação de elevada força. Dessa forma, o diâmetro da camisa pode ser reduzido. Sua estrutura consiste em dois atuadores pneumáticos de duplo efeito, montados um de costas para o outro, não necessitando ter mesmo diâmetro ou sequer mesmo comprimento de curso. Essa descrição refere-se a qual tipo de atuador?
   a) Atuador de alto impacto.
   b) Atuador giratório.
   c) Atuador geminado.
   d) Atuador linear duplex contínuo.
   e) Atuador linear de duplo efeito.

4. Para que um atuador seja devidamente dimensionado, é necessário partir de três informações básicas. Que informações são essas?
   I. Força
   II. Pressão
   III. Temperatura
   IV. Curso
   V. Tipo de fluido
   Entre as alternativas, estão corretas apenas:
   a) I, III e IV.
   b) II, III e V.
   c) I, II, e III.
   d) II, IV e V.
   e) I, II e IV.

5. Quanto aos atuadores pneumáticos, é correto afirmar que:
   a) são dispositivos que se caracterizam pela difícil manutenção.
   b) os atuadores lineares são conhecidos pelos movimentos giratórios que realizam.
   c) podem ser classificados como lineares e de duplo efeito.
   d) os lineares de duplo efeito possuem amortecedor em seu fim de curso.
   e) são utilizados em circuitos pneumáticos e são responsáveis por realizar determinado trabalho por meio da conversão de energia cinética em energia mecânica.

Referências

CONECFIT. *Cilindro pneumático.* [200-?]. Disponível em: <https://br.pinterest.com/pin/59532026302945132/>. Acesso em: 28 jun. 2018.

FIALHO, A. B. *Automação pneumática:* projetos, dimensionamento e análise de circuitos. 2. ed. São José dos campos: Érica, 2003.

PARKER HANNIFIN. *Tecnologia pneumática industrial:* atuadores pneumáticos. Jacareí: PARKER, 2000.

Circuitos pneumáticos básicos

Objetivos de aprendizagem

Ao final deste texto, você deve apresentar os seguintes aprendizados:

- Reconhecer os componentes de um circuito pneumático básico.
- Desenhar um circuito pneumático básico.
- Resolver a pressão e a vazão de um circuito pneumático básico.

Introdução

Os circuitos pneumáticos são constituídos por elementos de trabalho (atuadores), sinal e comando (válvulas). As válvulas são elementos de comando para partida, parada, direção ou regulagem do ar comprimido. Elas comandam também a vazão ou a pressão do fluido. Além disso, as válvulas são classificadas em: válvulas de controle direcional, válvulas de bloqueio, válvulas de controle de pressão, válvulas de controle de fluxo e válvulas de fechamento.

Neste capítulo, você vai estudar os circuitos pneumáticos básicos. Também vai aprender a desenhar um circuito pneumático utilizando as simbologias recomendadas. Além disso, vai ver como calcular a vazão e a pressão de um circuito pneumático.

Componentes de um circuito pneumático

Como nem sempre é vantajoso aplicar um compressor para cada equipamento, é utilizada uma rede de distribuição de ar. Essa rede compreende as tubulações que saem do reservatório de ar, passam pelo secador e, unidas, guiam o ar até os pontos de utilização. As redes de distribuição podem adquirir formatos diferentes de acordo com a montagem dos tubos. Os dois tipos mais utilizados industrialmente são as redes em circuito fechado e aberto (GOMES, 2018).

A rede de distribuição em circuito fechado é o tipo de montagem que permite uma alimentação mais uniforme, auxiliando na manutenção de uma pressão constante, pois o maquinário é alimentado por mais de um ponto. Isso dificulta a separação do condensado (GOMES, 2018).

A rede de distribuição em circuito aberto é o tipo de montagem em que há um único ponto de alimentação. Isso favorece quedas de pressão, mas pode separar melhor o condensado (GOMES, 2018). Os circuitos pneumáticos são geralmente abertos, ou seja, não há retorno do fluido, visto que o fluido é o próprio ar e seu custo não justificaria uma estrutura de retorno. A Figura 1 mostra um sistema pneumático clássico (AGOSTINI, 2008).

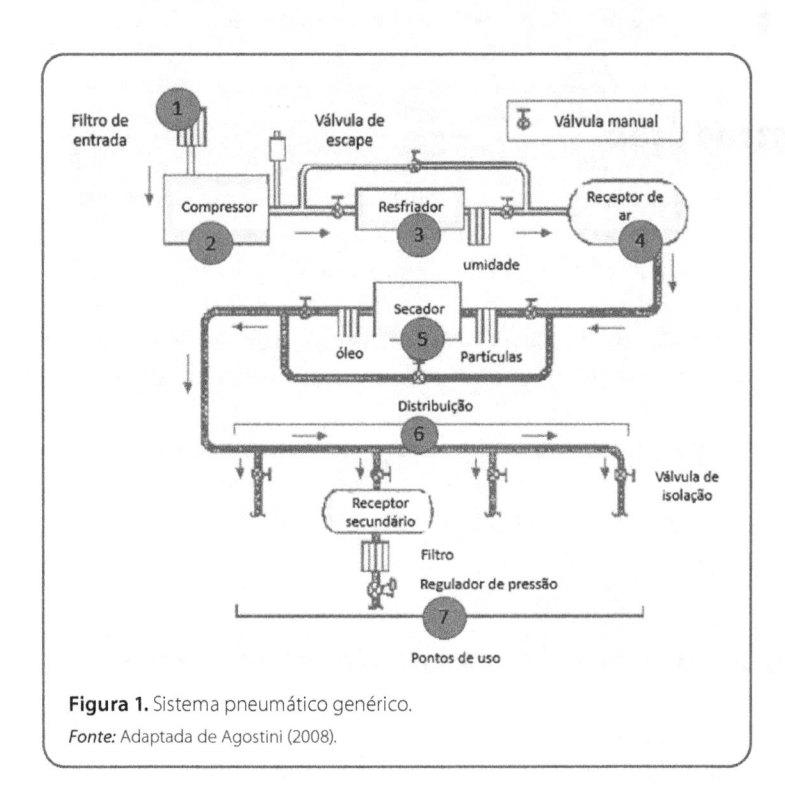

Figura 1. Sistema pneumático genérico.
Fonte: Adaptada de Agostini (2008).

Como você pode ver na Figura 1, o sistema pneumático possui diversas peças e componentes, cujas características você pode ver a seguir.

- Filtro de entrada: o ar drenado deve ser filtrado para a remoção de poeira e outras impurezas contaminadoras.
- Compressão: o ar filtrado é comprimido por compressores que podem ser de deslocamento positivo ou dinâmico.
- Refrigeração: durante o processo de compressão, o ar tem sua temperatura elevada. Na refrigeração, ocorre a condensação, que seca o ar, possibilitando a drenagem da água.
- Armazenamento: um tanque receptor é colocado abaixo do refrigerador para atender à demanda de ar requerida pelo sistema.
- Secagem: o ar refrigerado e pressurizado carrega uma quantidade considerável de água e de lubrificantes do processo de compressão, que devem ser removidos antes que o ar seja utilizado.
- Distribuição: uma tubulação distribui o ar de acordo com os pontos de uso. A distribuição inclui válvulas de isolação, filtros de impurezas, drenos de líquidos e receptores intermediários para armazenamento. As perdas de pressão na distribuição são compensadas por uma pressão mais elevada na descarga do compressor.
- Pontos de uso: o ar comprimido é guiado, pela tubulação, do alimentador até uma válvula de isolação final, um filtro e um regulador, finalmente chegando nas mangueiras que possibilitam o uso de ferramentas pneumáticas.

Compressores

Compressores são máquinas destinadas a elevar a pressão de certo volume de ar até determinado nível exigido na execução dos trabalhos realizados pelo sistema de ar comprimido (AGOSTINI, 2008). O compressor possui cilindro, pistão, copo de vedação de couro, haste de pistão, cabo e válvula de retenção. Fialho (2003) afirma que o ar necessita de duas condições básicas para que seja utilizado em um sistema pneumático: pressão adequada e qualidade (isenção de impurezas e umidade). A pressão adequada é obtida por meio da utilização de compressores que se classificam em volumétricos e dinâmicos, como você pode ver na Figura 2.

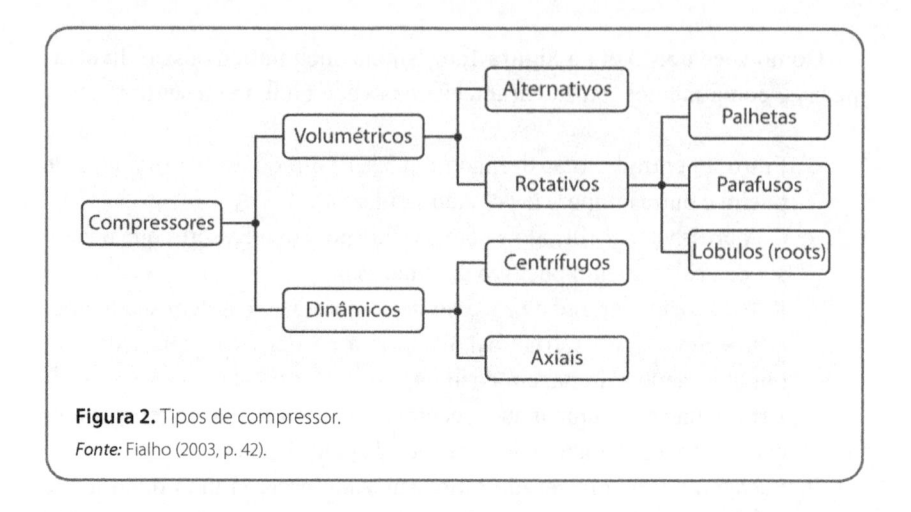

```
                        ┌── Alternativos ──┬── Palhetas
           ┌── Volumétricos ──┤              │
           │            └── Rotativos ──────┼── Parafusos
Compressores ──┤                             │
           │                                 └── Lóbulos (roots)
           │            ┌── Centrífugos
           └── Dinâmicos ──┤
                        └── Axiais
```

Figura 2. Tipos de compressor.
Fonte: Fialho (2003, p. 42).

Os compressores volumétricos baseiam-se fundamentalmente na redução de volume. O ar é admitido em uma câmara isolada do meio exterior e seu volume é gradualmente diminuído, processando-se a compressão. Quando certa pressão é atingida, ela provoca a abertura de válvulas de descarga, ou simplesmente o ar é empurrado para o tubo de descarga durante a contínua diminuição do volume da câmara de compressão (AGOSTINI, 2008).

Já no compressor dinâmico a elevação da pressão é obtida por meio de conversão de energia cinética em energia de pressão, durante a passagem do ar através do compressor. O ar admitido é colocado em contato com impulsores (rotor laminado) dotados de alta velocidade. Esse ar é acelerado, atingindo velocidades elevadas, e consequentemente os impulsores transmitem energia cinética ao ar. Posteriormente, seu escoamento é retardado por meio de difusores, obrigando a uma elevação na pressão (AGOSTINI, 2008).

Saiba mais

Nas aplicações industriais, normalmente são utilizados compressores com grandes reservatórios, a fim de atender à grande demanda de equipamentos pneumáticos necessários nos mais diversos pontos de uso. Esses equipamentos são utilizados, por exemplo, nas indústrias automobilística, agrícola, aeroespacial, entre outras.

Para a obtenção da qualidade ideal do ar, são utilizados purgadores, secadores e filtros, responsáveis por purificar e retirar a umidade do ar comprimido a ser utilizado no sistema.

Reservatório de ar comprimido

O reservatório serve para a estabilização da distribuição do ar comprimido. Ele elimina as oscilações de pressão na rede distribuidora e, quando há momentaneamente alto consumo de ar, é uma garantia de reserva. A grande superfície do reservatório refrigera o ar suplementar. Por isso se separa diretamente no reservatório uma parte da umidade do ar. Os reservatórios devem ser instalados de modo que todos os drenos, conexões e a abertura de inspeção sejam de fácil acesso. Os reservatórios não devem ser enterrados ou instalados em local de difícil acesso. Eles devem ser instalados de preferência fora da casa dos compressores e na sombra, a fim de facilitar a condensação da umidade no ponto mais baixo para a retirada do condensado. Na Figura 3, a seguir, você pode ver um modelo de reservatório.

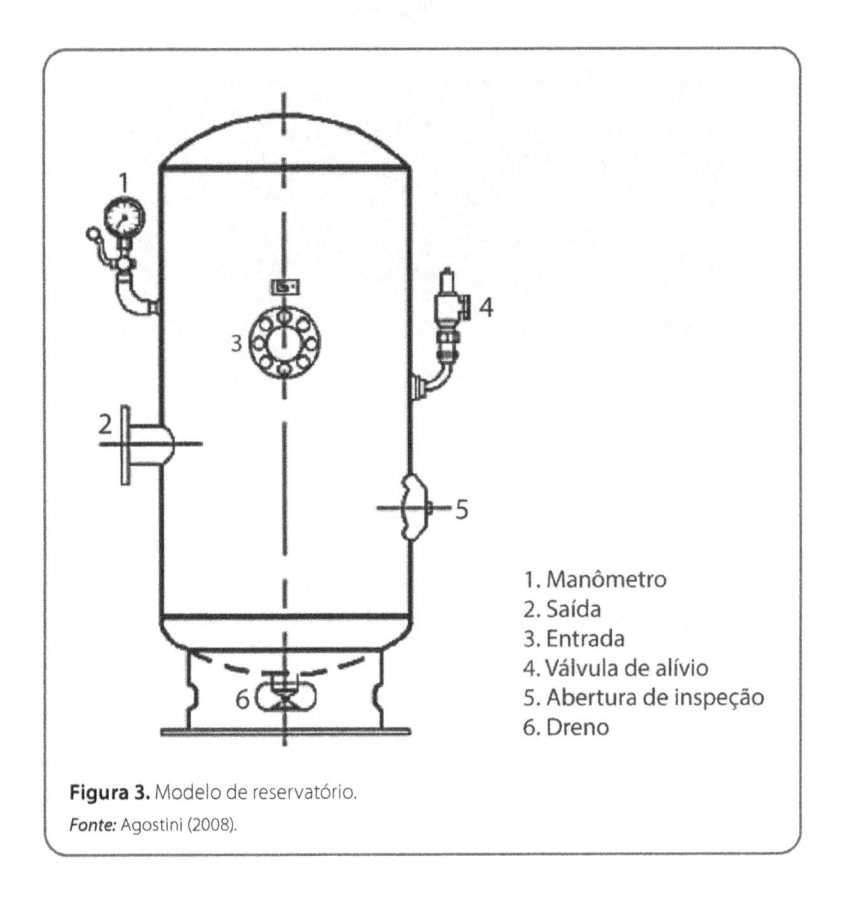

1. Manômetro
2. Saída
3. Entrada
4. Válvula de alívio
5. Abertura de inspeção
6. Dreno

Figura 3. Modelo de reservatório.
Fonte: Agostini (2008).

Refrigeração

Para pequenas centrais de ar comprimido, as próprias aletas (Figura 4) existentes no compressor, junto ao fluxo de ar livre dentro do ambiente da central, são o suficiente para propiciar uma boa dissipação térmica, originada pelo atrito do ar quando comprimido dentro da câmara. Porém, quando são utilizados compressores superiores a 40 hp, aconselha-se a utilização de um sistema de ventilação apropriado e, se necessário, a utilização de um sistema próprio de refrigeração por água recirculante.

Figura 4. Cilindro e cabeça do compressor de ar com aletas de refrigeração de ar.
Fonte: Mikhail Gnatkovskiy/Shutterstock.com.

Implantação da rede de distribuição

Antes de realizar o dimensionamento da rede, é necessário estabelecer quais pontos da área de trabalho da organização deverão fazer uso do sistema de ar comprimido. Em função dessa resposta, será definido se a rede de distribuição terá circuito aberto ou fechado, como você pode ver na Figura 5.

Figura 5. Sistemas aberto e fechado.
Fonte: Fialho (2003, p. 59).

a) Sistema aberto

b) Sistema fechado

Central de ar comprimido

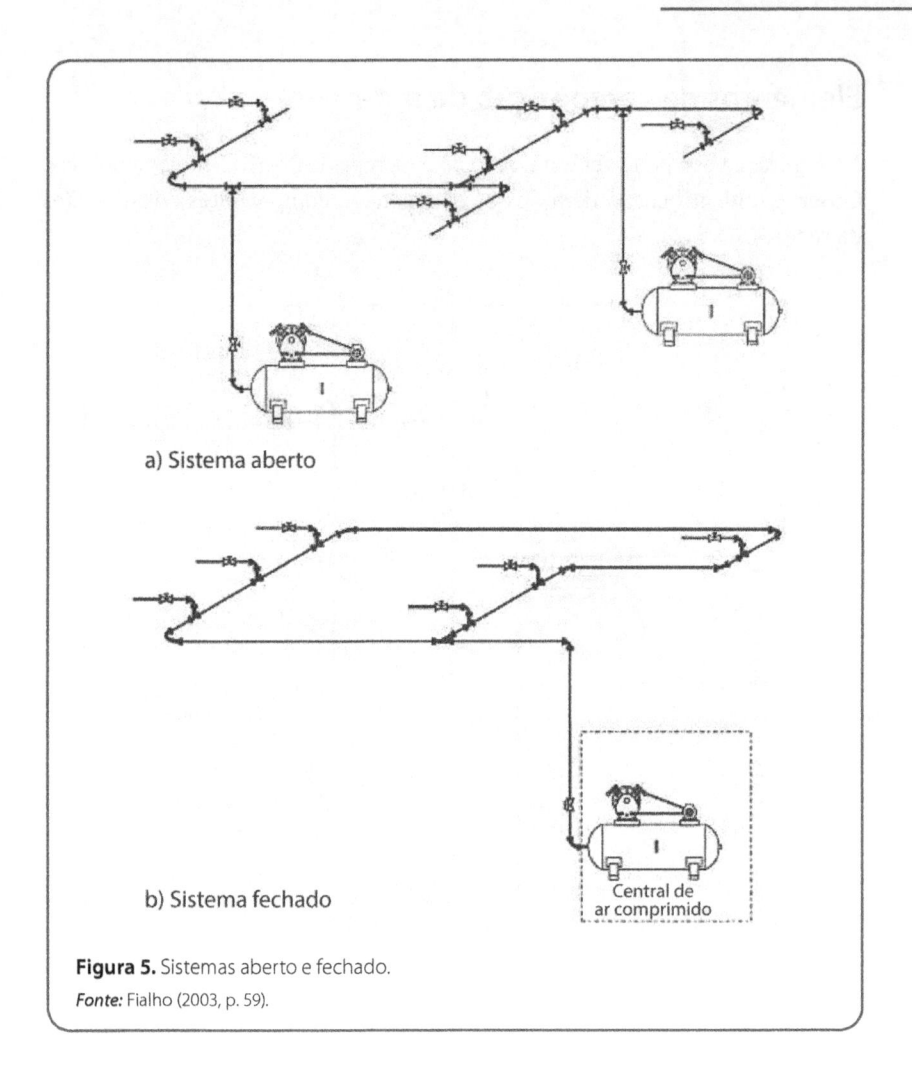

A rede de circuito aberto é indicada para o abastecimento de pontos distantes ou isolados. Nessa situação, o ar flui em uma única direção, impossibilitando uma alimentação uniforme em todos os pontos. Por outro lado, a rede de distribuição fechada é a mais utilizada pela indústria, pois permite a distribuição mais uniforme do ar por toda a extensão devido à fluidez do ar em ambos os sentidos, facilitando a criação de novos pontos de consumo.

Elementos de composição da rede

Na Figura 6, você pode ver um trecho de uma rede de distribuição pneumática. Observe a identificação de todos os elementos e componentes constituintes da rede.

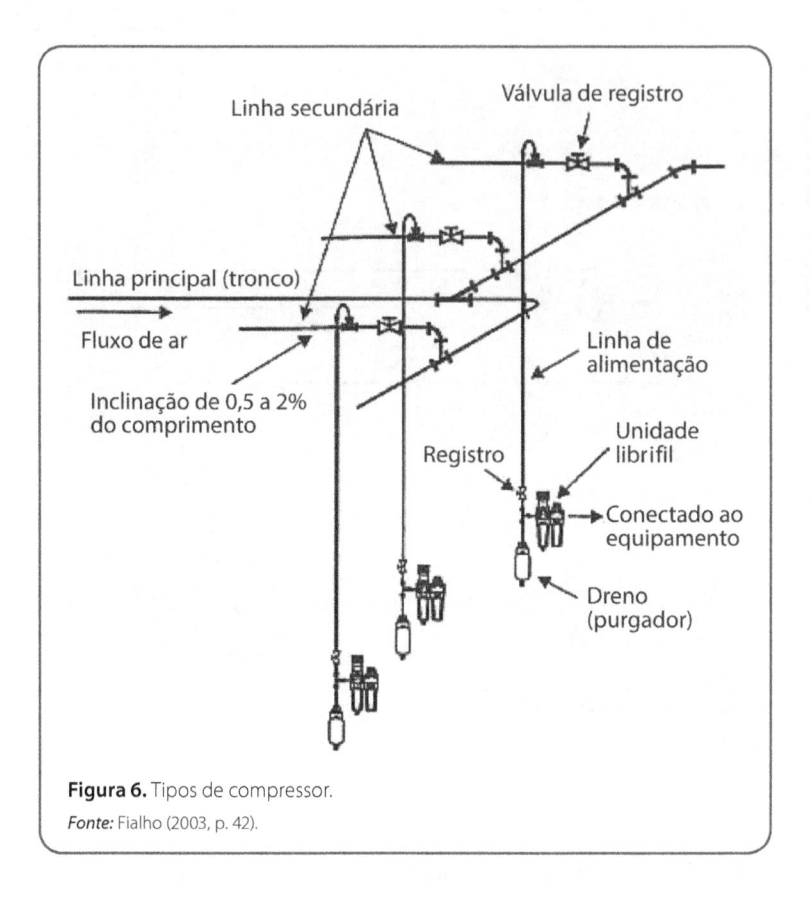

Figura 6. Tipos de compressor.
Fonte: Fialho (2003, p. 42).

Para cada tipo de componente ilustrado na Figura 6, existe um respectivo símbolo utilizado na identificação dos componentes no sistema pneumático. Cada um dos símbolos utilizados representa determinado elemento e suas respectivas características, como você pode ver no Quadro 1, a seguir.

Quadro 1. Símbolos pneumáticos

Denominação	Característica	Símbolo
Linha contínua	Linhas de retorno, alimentação	
Linha tracejada	Linha de dreno	
Símbolos genéricos	Mola (retorno, centralização, regulação)	
Símbolos genéricos	Restrição (controle de fluxo)	
Triângulo cheio	Fluxo hidráulico	▼
Triângulo vazio	Fluxo pneumático	▽
Seta	Via e caminho de fluxo através das válvulas	
Seta	Direção de rotação	
Seta oblíqua	Indica possibilidade de regulação ou variação	
Compressor	Deslocamento positivo	
Motor pneumático	Com uma direção de fluxo	
Motor pneumático	Com duas direções de fluxo	
Motor	Elétrico	Ⓜ
Motor	Térmico	M
Cilindro de simples efeito	Retorno por força não definida	
Cilindro de simples efeito	Retorno por mola	
Cilindro de simples efeito	Avanço por mola	

(Continua)

(Continuação)

Quadro 1. Símbolos pneumáticos

Denominação	Característica	Símbolo
Cilindro com duplo efeito	Com haste simples	
Cilindro com duplo efeito	Com haste dupla	
Cilindro com amortecimento	No retorno	
Cilindro com amortecimento	No avanço	
Cilindro com amortecimento	Com duplo amortecimento	
Válvulas de controle direcionais (2 vias, 2 posições)	Normalmente fechada	
Válvulas de controle direcionais (2 vias, 2 posições)	Normalmente aberta	
Válvulas de controle direcionais (3 vias, 2 posições)	Normalmente fechada	
Válvulas de controle direcionais (3 vias, 2 posições)	Normalmente aberta	
Válvulas de controle direcionais (3 vias, 3 posições)	Centro fechado	
Válvulas de controle direcionais (4 vias, 3 posições)	Centro fechado	
Válvulas de controle direcionais (5 vias, 3 posições)	Centro fechado	

(Continua)

(Continuação)

Quadro 1. Símbolos pneumáticos

Denominação	Característica	Símbolo
Válvula de retenção	Sem mola	
Válvula de retenção	Com mola	
Válvula de controle	Fluxo fixo	
Válvula de controle	Fluxo variável	
Filtro	Representação geral	
Filtro	Com dreno manual	
Filtro	Com dreno automático	
Acionamento	Manual	
Acionamento	Por botão	
Acionamento	Por alavanca	
Acionamento	Por pedal	
Manômetro	Medição de pressão	
Termômetro	Medição de temperatura	
Junção de linhas		
Cruzamento de linha		

Fonte: Adaptado de Pavani (2010).

No Quadro 1, você pode ver os principais componentes utilizados nos sistemas pneumáticos, além dos seus respectivos símbolos. Porém, os elementos pneumáticos não se limitam apenas a essa simbologia, existe ainda uma quantidade enorme de elementos e símbolos além dos que você acabou de ver. A partir de agora, você pode ver como desenhar e interpretar um sistema pneumático.

Desenho de um circuito pneumático

Fialho (2003) destaca que, com a evolução tecnológica industrial, surgiu a necessidade de otimizar equipamentos e processos de produção. Isso é possível por meio da introdução de tecnologia, que permite maior confiabilidade, produtividade e redução dos custos. Portanto, você deve entender que, para as atividades que não são automatizadas, sempre é conveniente adotar soluções pneumáticas. Com a adoção de uma metodologia otimizada, correta e de simples entendimento, é possível minimizar erros, facilitar a supervisão e a manutenção dos sistemas, permitindo fácil comunicação e entendimento entre o pessoal técnico. Nesse contexto, enquadram-se os circuitos pneumáticos, que podem ser utilizados para automatizar etapas do processo, melhorando a produtividade e a qualidade dos produtos disponibilizados.

Um circuito pneumático pode ser representado de forma gráfica, demonstrando a relação entre os componentes do comando e evidenciando a operação a ser realizada pelo sistema. O circuito é considerado um elemento de grande valor de manutenção para o homem, pois é por meio dele que se inicia o processo de detecção de falhas no sistema. É importante que o circuito pneumático seja projetado de forma clara, de modo que sua interpretação seja fácil e que possa ser entendido por todos. Por isso, deve-se representar o circuito com símbolos normalizados, respeitando certas regras quanto à disposição dos elementos, como você viu no Quadro 1.

A identificação dos componentes de um circuito pneumático pode ser realizada de duas formas: literal e numérica. Baseando-se na combinação dessas duas formas, surgiu o método alfanumérico, que você pode ver no Quadro 2.

Quadro 2. Identificação alfanumérica dos componentes do sistema

Forma de identificação	Descrição
A, B, C, D	Letras maiúsculas para cilindros pneumáticos.
A1, B1, C1	Letras maiúsculas e número para válvulas direcionais dos cilindros pneumáticos. A letra corresponde ao cilindro.
A2, A4, A6, B2, B4, B6, C2, C4, C6	Letra e número **par** para fim de curso, que realiza o avanço do cilindro. A letra corresponde ao cilindro.
A1, A3, A5, B1, B3, B5, C1, C3, C5	Letra e número **ímpar** para fim de curso, que realiza o recuo do cilindro. A letra corresponde ao cilindro.
A01, B02, C02	Letras maiúsculas e número identificam reguladores de fluxo. A letra corresponde ao cilindro. O número par identifica a regulagem da velocidade de avanço da haste.
A03, B03, C03	Letras maiúsculas e número identificam reguladores de fluxo. A letra corresponde ao cilindro. O número ímpar identifica a regulagem da velocidade de recuo da haste, exceto o número 1.
Z1, Z2, Z3	Letras maiúsculas e número identificam FRL (Filtro-Regulador-Lubrificador), memórias auxiliares, temporizadores, válvulas deslizantes e todas as funções que não estão ligadas diretamente ao cilindro.

Fonte: Adaptado de Pavani (2010).

Exemplos de circuitos pneumáticos

Circuito com cilindro de simples ação

Na Figura 7, você pode ver um circuito pneumático de acionamento de um cilindro de simples ação com retorno por mola. Nesse circuito, é utilizada uma válvula 3/2 (3 vias e 2 posições) com acionamento por alavanca.

Figura 7. Acionamento do cilindro de simples ação.
Fonte: Pavani (2010).

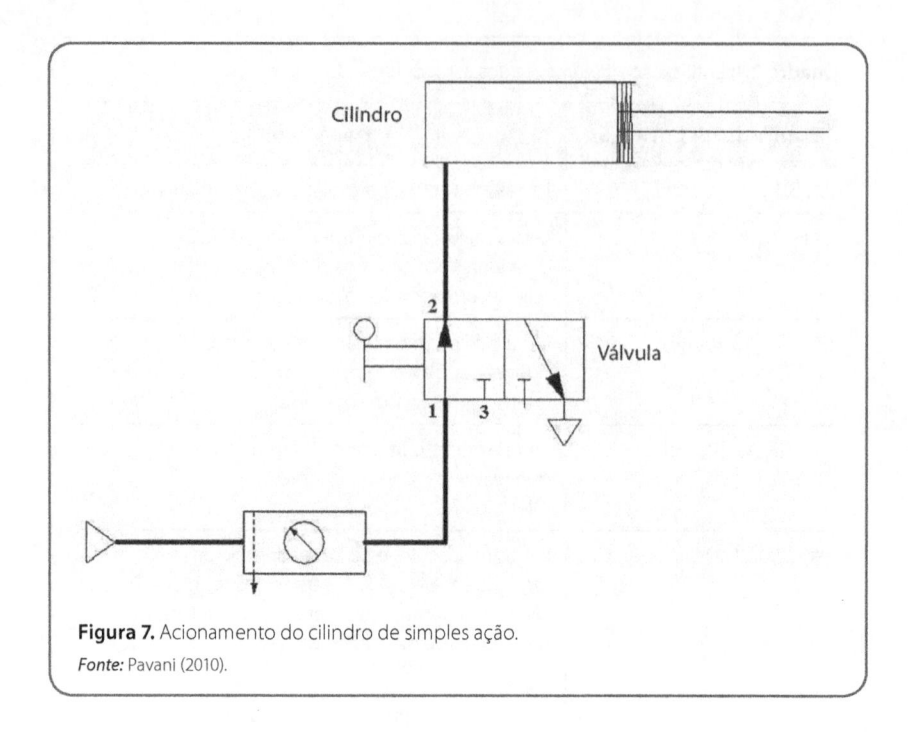

Ao ser acionada, a válvula direcional permite a passagem do ar do ponto de entrada 1 ao ponto de saída 2. Dessa forma, a pressão do ar comprimido supera a força da mola e aciona o cilindro até o seu final de curso, conforme ilustrado na Figura 7.

Quando a válvula direcional é desacionada, a força da mola supera a pressão do ar comprimido, pressionando o ar ao ponto de entrada 2. Como o ponto de saída 1 está fechado, o ar comprimido que estava no interior do cilindro é direcionado ao ponto de saída 3, permitindo que o ar seja enviado à atmosfera e, com isso, permitindo o retorno do cilindro de acordo com a ação de sua mola interna, conforme pode ser analisado na Figura 8.

Figura 8. Retorno do cilindro.
Fonte: Pavani (2010).

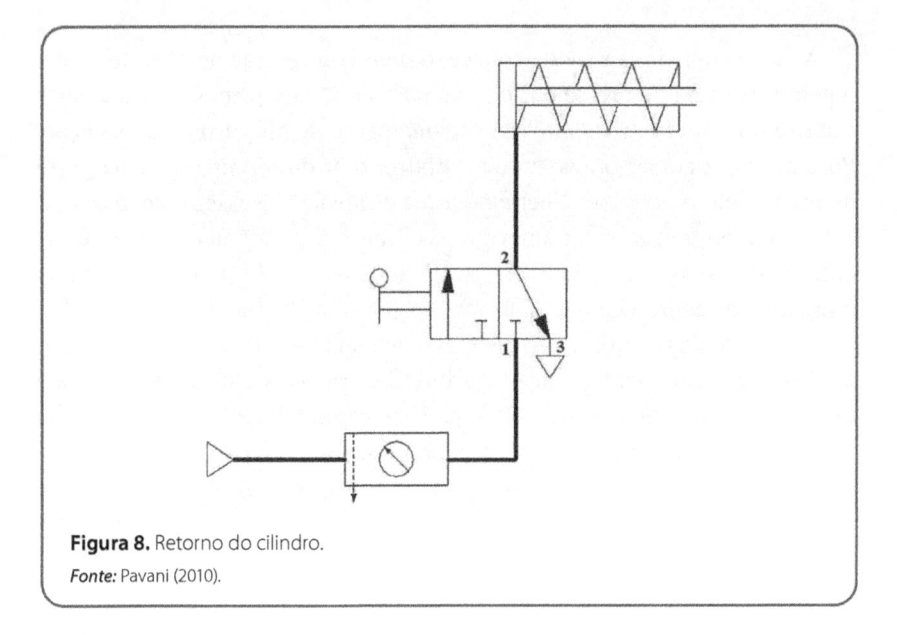

Circuito com cilindro de dupla ação

A Figura 9 mostra um circuito pneumático de acionamento de um cilindro de dupla ação. Nesse circuito é utilizada uma válvula 5/2 (5 vias e 2 posições) com acionamento por alavanca.

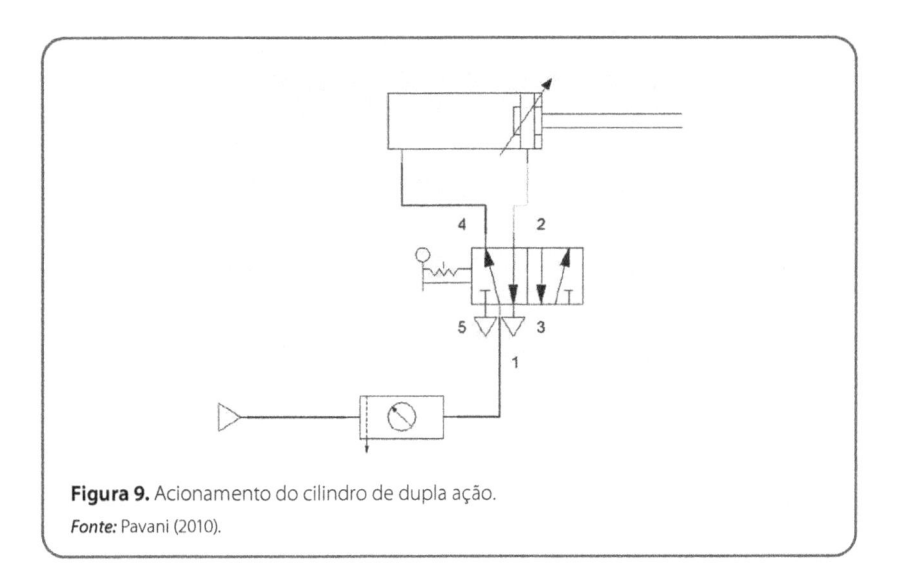

Figura 9. Acionamento do cilindro de dupla ação.
Fonte: Pavani (2010).

Ao ser acionada, a válvula conecta o ponto de entrada de pressão 1 com o ponto de saída de pressão 4, direcionando o ar comprimido para a parte traseira do cilindro, resultando no acionamento do cilindro de dupla ação. Porém, para ocorrer o avanço do cilindro, o ar que se encontra na parte dianteira dele precisa ser liberado para a atmosfera. Nesse momento, o ar comprimido que estava no interior do cilindro é direcionado ao ponto de entrada de pressão 2 e liberado para a atmosfera pelo ponto de saída de pressão 3, de acordo com a Figura 9.

No momento em que a válvula é desacionada, ocorre a inversão das conexões. Nesse momento, o ar comprimido entra no ponto de entrada 1 e é direcionado ao ponto de saída 2, o qual direciona o ar ao cilindro, fazendo com que o cilindro seja retornado à sua posição inicial. O ar comprimido responsável por acionar o cilindro anteriormente é destinado ao ponto de entrada 4 e eliminado para a atmosfera pelo ponto de saída 5, como você pode ver na Figura 10.

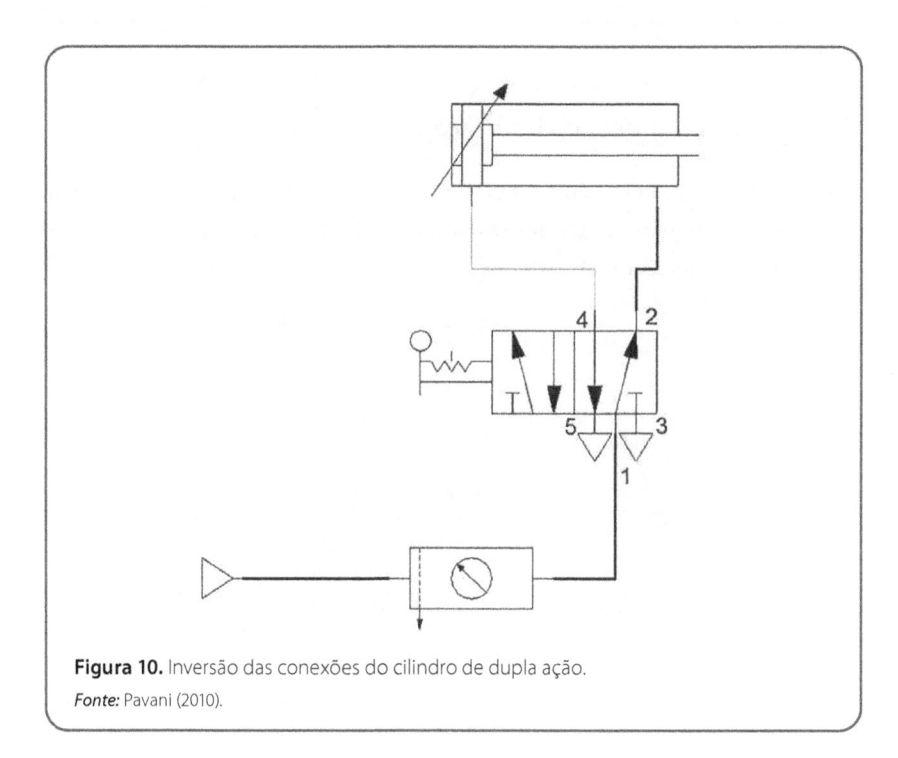

Figura 10. Inversão das conexões do cilindro de dupla ação.
Fonte: Pavani (2010).

Cálculo da pressão e da vazão de um circuito pneumático

Na pneumática, a pressão é a força exercida em função da compressão do ar em um recipiente por unidade de área. Sua unidade no Sistema Internacional (SI) é dada em N/m² ou Pa (Pascal), embora ainda seja comum se utilizar atm, bar, kgf/mm², etc. (FIALHO, 2003). Essa característica é de suma importância, pois ela é responsável por desenvolver a força dos atuadores e divide-se em dois níveis, como você pode ver a seguir.

- Pressão de regime: trata-se da pressão efetiva fornecida pelo compressor, que é distribuída por toda a linha de fluxo, alimentando os pontos de utilização. Portanto, trata-se da pressão em que o ar se encontra armazenado no reservatório. Sua utilização de forma direta na rede de distribuição é desaconselhada devido às frequentes flutuações ocorridas por causa da temperatura.
- Pressão de trabalho: refere-se à pressão de trabalho utilizada nos equipamentos pneumáticos, a qual deve ser sempre menor que a pressão de regime. Nesse caso, utiliza-se uma válvula redutora de pressão a fim de reduzir a pressão. Além disso, esse tipo de válvula mantém a pressão constante e, com isso, as forças e velocidades desenvolvidas pelos componentes podem ser garantidas durante a execução dos processos.

Normalmente, a indústria adota como pressão de trabalho 6 kgf/cm² (pressão econômica), enquanto a pressão (P) de regime gira em torno de 7 a 8 kgf/cm², podendo chegar a 12 kgf/cm². Caso o reservatório não possua a pressão de regime especificada, essa pressão pode ser calculada por meio desta equação:

$$P = \frac{10^5 \times 1{,}663785 \times 10^{-3} \times Q^{1{,}85} \times Lt}{d^5 \times \Delta P}$$

Onde:
P: pressão de regime (kgf/cm²)
Q: vazão (m³/h)
Lt: comprimento total da linha tronco (m)
d: diâmetro interno da tubulação (mm)
ΔP: perda de carga (kgf/cm²)

A vazão do sistema pneumático trata da quantidade de ar (m³) utilizado por hora pela rede, supondo que todos os equipamentos estejam em funcionamento ao mesmo tempo. Para você definir a vazão do sistema, precisa conhecer a vazão de cada equipamento utilizado ao longo da rede de distribuição de ar comprimido e somar todas as vazões encontradas, como mostra o exemplo a seguir. Considere o Quadro 3.

Quadro 3. Cálculo da vazão

Equipamento	Quantidade	Vazão (m³/min)	Total (m³/min)
Aparafusadora 3/4	1	0,24	0,24
Aparafusadora 1/2	2	0,125	0,25
Pistola (pintura)	2	0,2	0,4
Total			0,89

Fonte: Adaptado de Pavani (2010).

De acordo com o Quadro 3, os cinco equipamentos escolhidos para serem inseridos no sistema de ar comprimido somam uma vazão total de 0,89 m³/h. Dessa forma, o compressor a ser utilizado precisa possuir uma vazão superior a 0,89 m³/h para que os equipamentos funcionem de forma adequada.

Exercícios

1. Qual componente do sistema pneumático é responsável por elevar a pressão do ar até determinada faixa de pressão exigida para a execução dos trabalhos realizados pelos componentes do sistema de ar comprimido?
a) Válvula reguladora de pressão.
b) Válvula reguladora de fluxo.
c) Compressor.
d) Reservatório.
e) Filtro de entrada.

2. O compressor possui cilindro, pistão, copo de vedação de couro, haste de pistão, cabo e válvula de retenção. Para que seja utilizado ar ideal no sistema pneumático, ele necessita de duas condições básicas. Quais são essas condições?
a) Temperatura adequada e lubrificação.
b) Pressão adequada e qualidade.
c) Pressão e temperatura adequadas.
d) Vazão e qualidade adequadas.
e) Vazão e pressão adequadas.

3. Antes de realizar o dimensionamento da rede, é necessário estabelecer quais pontos da área de trabalho deverão fazer uso do sistema de ar comprimido. Em função dessa resposta, será definido se a rede de distribuição será de circuito aberto ou fechado. Dessa forma, a rede de circuito aberto é:
   I. Utilizada para distribuir o ar comprimido uniformemente.
   II. Utilizada em redes de distribuição pequenas, com poucos metros de comprimento.
   III. Utilizada para abastecer pontos isolados na fábrica.
   Assinale a alternativa que apresenta apenas a(s) afirmativa(s) correta(s).
   a) I
   b) II
   c) I e II
   d) III
   e) I e III

4. Na pneumática, define-se pressão como a força exercida em função da compressão do ar em um recipiente por unidade de área. Essa característica é de suma importância, pois ela é responsável por desenvolver a força dos atuadores. Nesse contexto, assinale a alternativa correta referente à pressão de regime.
   a) Trata-se da pressão utilizada nos equipamentos pneumáticos.
   b) A pressão de regime deve ser sempre inferior à pressão de trabalho.
   c) A pressão de regime é a pressão fornecida pelo compressor, distribuída por toda a linha de fluxo.
   d) A pressão de regime garante que as forças e velocidades desenvolvidas pelos componentes sejam executadas corretamente.
   e) Esse tipo de pressão deve ser utilizado de forma direta na rede de distribuição.

5. Imagine que você ficou responsável por dimensionar um sistema de ar comprimido. Inicialmente, você verificou que a vazão total do sistema é de 1,2 m³/min. Dessa forma, algumas informações já podem ser definidas. Assinale com V, para afirmações verdadeiras, ou com F, para as afirmações falsas.
   ( ) Nesse caso, o compressor deve possui vazão inferior a 1,2 m³/min, caso contrário a rede de ar comprimido poderá ser danificada devido à pressão elevada.
   ( ) Levando em consideração um aumento de 30% no consumo de ar para os próximos cinco anos, você deve adicionar 30% a mais da vazão total encontrada.
   ( ) Em uma pesquisa de mercado, você verifica que compressores de 15 hp satisfazem suas necessidades de ar comprimido. Dessa forma, você percebe que será necessário utilizar também um sistema de ventilação próprio para a central de ar comprimido.
   ( ) Você opta por um compressor com pressão acima da utilizada nos equipamentos e combina isso com uma válvula redutora de pressão a fim de reduzir a pressão ao nível dos equipamentos utilizados.
   a) F – V – F – V
   b) F – F – F – V
   c) V – V – F – V
   d) V – V – F – F
   e) F – F – V – V

Referências

AGOSTINI, N. *Sistemas pneumáticos industriais*. Rio do Sul: [s.n.], 2008. Disponível em: <https://www.sibratec.ind.br/binario/203/Sistemas%20pneum%23U00dfticos.pdf>. Acesso em: 1 jul. 2018.

FIALHO, A. B. *Automação pneumática*: projetos, dimensionamento e análise de circuitos. 2. ed. São José dos Campos: Érica, 2003.

GOMES, S. R. Introdução à pneumática. *Eletropneumática e Eletro-hidráulica*, 2018. Disponível em: <http://eletropneumaticaeeletrohidraulica.blogspot.com/2016/02/aula-07-introducao-pneumatica.html>. Acesso em: 1 jul. 2018.

PAVANI, S. A. *Comandos pneumáticos e hidráulicos*. 3. ed. Santa Maria: UFSM, 2010.

Leitura recomendada

PARKER HANNIFIN. *Tecnologia pneumática industrial*: atuadores pneumáticos. Jacareí: PARKER, 2000.

Comandos sequenciais

Objetivos de aprendizagem

Ao final deste texto, você deve apresentar os seguintes aprendizados:

- Definir comandos sequenciais.
- Usar os recursos disponíveis para projetar uma rede com comandos sequenciais.
- Escolher componentes de comandos sequenciais.

Introdução

Em um mercado cada vez mais globalizado, a concorrência se torna acirrada entre as organizações. Dessa forma, reduzir custos, aumentar a produtividade e oferecer um produto de qualidade são a chave para o aumento dos lucros e a conquista de novos clientes. Nesse contexto, a automação vem ganhando cada vez mais espaço nas empresas, permitindo que atividades com alto grau de repetitividade possam ser executadas de forma uniforme e constante. Para isso, a utilização dos sistemas pneumáticos sequenciais se tornou imprescindível na automatização de processos. Esses sistemas permitem que um simples acionamento (seja ele manual, elétrico, mecânico, etc.) desencadeie uma sequência de acionamentos necessários para que o processo produtivo mantenha a sua velocidade de produção constante. É claro que, para a implementação de um sistema pneumático sequencial, precisa haver um estudo aprofundado acerca da sua implementação. Deve-se observar as ações a serem executadas e como elas devem ser feitas, os tipos de componentes a serem utilizados e quais os movimentos a serem realizados no sistema. Os componentes utilizados são os mesmos de qualquer sistema pneumático normal, com o acréscimo de componentes elétricos, possibilitando a melhoria do processo e o aumento do controle da qualidade do produto.

Neste capítulo, será abordado o conceito de comandos sequenciais. Serão estudados os tipos de representação desses sistemas, com alguns exemplos práticos de sua aplicação. Além disso, também serão abordadas as principais questões referentes ao projeto de comandos sequenciais e quais são os componentes mais utilizados por esse tipo de sistema.

Conceito de comandos sequenciais

Os comandos sequenciais são comandos de sistemas que produzem uma sequência predeterminada de ações, cuja passagem de uma para outra se dá em função do cumprimento de condições de prosseguimento, originadas por sinais de entradas externas e internas I. São utilizados na pneumática os métodos de cascata e passo a passo. Todo comando sequencial deve iniciar com a análise do sistema e das ações do comando desejado, por meio de esquemas e da formulação verbal do problema. Em seguida, é preciso sistematizar essas informações com alguma forma de representação gráfica (FIALHO, 2004).

Projeto de comandos sequenciais

Os comandos pneumáticos sequenciais são utilizados em operações com trajetória e/ou tempo programado e têm a sua metodologia de resolução desenvolvida com base no seu grau de complexidade, resultando na utilização de métodos intuitivos ou estruturados. A sua representação pode ser realizada de forma algébrica ou gráfica. Como forma algébrica, a representação é a seguinte: A+ B+ C+ (D+ A−) (B− D−) A−. As letras indicam os atuadores, os sinais de + (mais) e − (menos) indicam o avanço e o retorno desses atuadores, e os parênteses representam os movimentos simultâneos (PEQUENO, 2011). A forma gráfica é representada por um diagrama trajeto-passo, ilustrado na Figura 1.

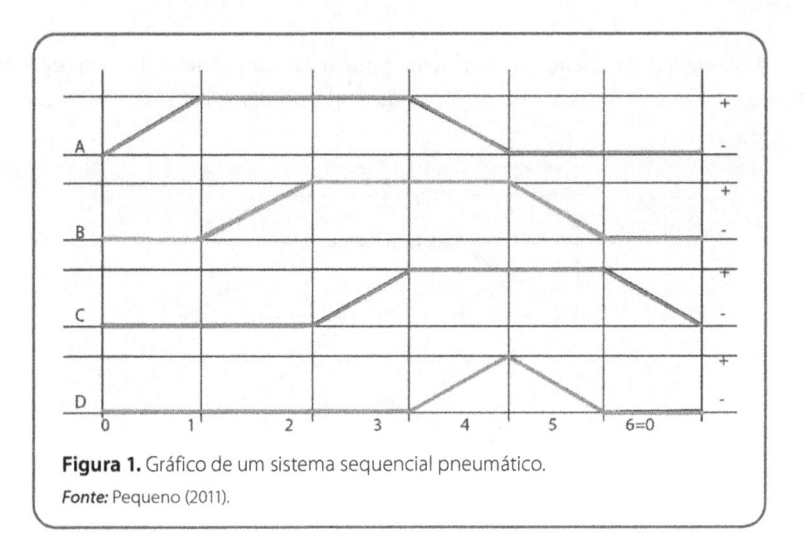

Figura 1. Gráfico de um sistema sequencial pneumático.
Fonte: Pequeno (2011).

Esse tipo de sistema sequencial pode apresentar uma mudança de nível e sentido, conforme mostrado na Figura 2. Para ilustrar, vamos utilizar como exemplo a seguinte situação: determinada caixa deve passar de uma esteira (localizada mais abaixo) para outra em um nível mais alto. Isso pode ser obtido fazendo com que o cilindro A avance e suspenda a plataforma na qual está a caixa. No momento em que a plataforma chegar ao mesmo nível da outra esteira, o cilindro B é acionado por meio de uma chave pneumática de fim de curso. Isso faz com que o cilindro B avance, empurrando a caixa para a esquerda até que esta fique sobre a esteira. O retorno dos cilindros A e B ocorre simultaneamente, por meio da utilização de uma chave de fim de curso. Com isso, ambos os cilindros voltam à sua posição de origem, completando um ciclo de trabalho.

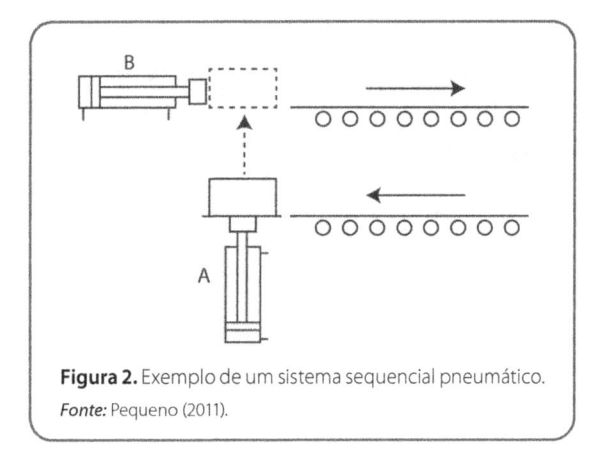

Figura 2. Exemplo de um sistema sequencial pneumático.
Fonte: Pequeno (2011).

A sequência da situação ocorrida na Figura 2 pode ser descrita pela seguinte função: A+ B+ (A- B-). O diagrama do trajeto–passo está representado na Figura 3.

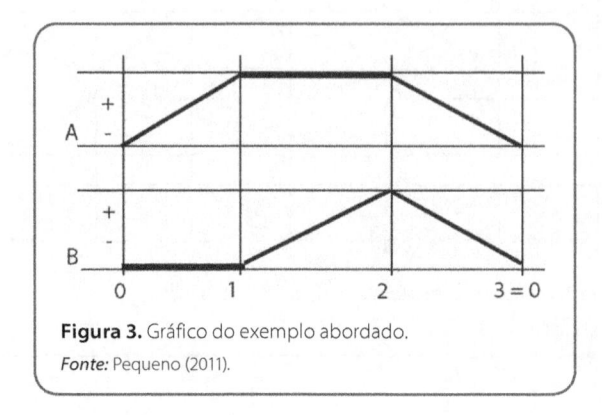

Figura 3. Gráfico do exemplo abordado.
Fonte: Pequeno (2011).

De acordo com Fialho (2004), os seguintes passos são necessários para o correto e otimizado projeto de comandos sequenciais.

- **Análise de comando sequencial:** consiste no fornecimento de todas as tarefas previstas para o sistema, na sequência e no tempo determinado. Deve-se acrescentar também os limites de condições ambientais que possam influenciar no desempenho dos componentes. Da mesma forma, deve-se levar em consideração a flexibilidade quanto a trocas de programas, fontes de energia alternativa para os casos de emergência, e todo e qualquer detalhe pertinente ao longo do funcionamento do sistema.
- **Esquema do processo:** consiste na elaboração de um esboço físico com algumas dimensões (pelo menos as estruturais), cuja finalidade é dar ao projetista condições de estabelecer relações espaciais entre os vários componentes e as formas de fixação dos atuadores, bem como permitir maior clareza na formulação verbal do problema.
- **Formulação verbal do problema:** por meio do esquema de processos, inicia-se a formulação verbal do problema, que tem por objetivo responder algumas questões referentes à composição geral do processo. Algumas questões devem estar presentes em todo tipo de projeto de automação pneumática:

- Que ações devem ocorrer durante a realização do processo e em que sequência?
- De que forma essas ações se relacionam no tempo?
- Quais são as condições previstas para o início do comando sequencial?
- Que tipos de elementos de sinais se fazem necessários para operacionalidades do comando (botões, fins de curso, sensores)?
- Quais e como são os movimentos, e que elementos de trabalho (tipos de acionamento) se pretende usar no projeto?
- De que forma devem ocorrer as relações operador–comando?
- Quais são os esforços, as velocidades e a precisão necessários?

Exemplo de aplicação

Para exemplificar, vamos analisar o **projeto de um dispositivo para termoformagem**. As Figuras 4 e 5 apresentam um esboço (esquema de processo) de um sistema sequencial utilizado para a confecção de peças plásticas por termoformagem.

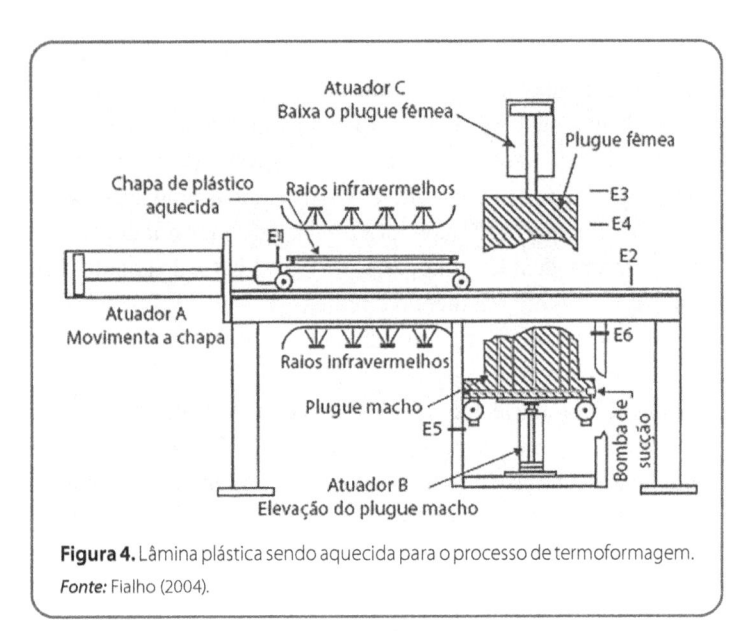

Figura 4. Lâmina plástica sendo aquecida para o processo de termoformagem.
Fonte: Fialho (2004).

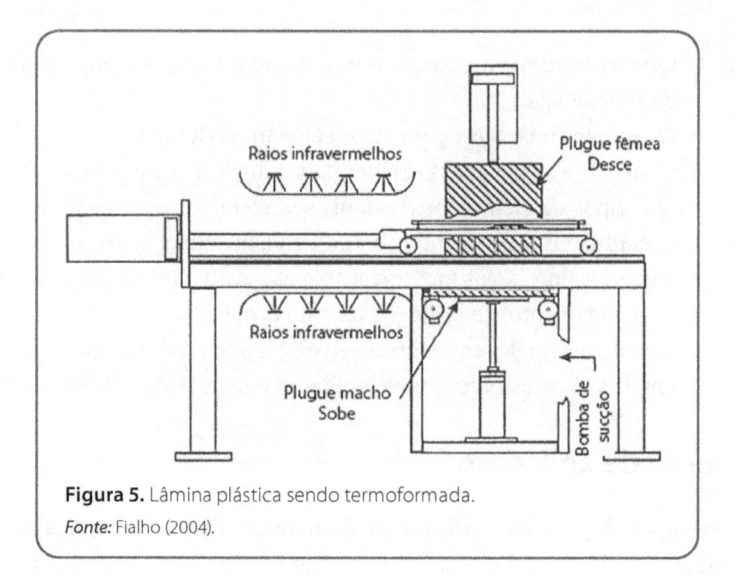

Figura 5. Lâmina plástica sendo termoformada.
Fonte: Fialho (2004).

Veja a seguir a formulação verbal do problema abordado nas Figuras 4 e 5.

1. A chapa plástica é fixada manualmente em uma moldura posicionada entre os refletores infravermelhos.
2. Um botão manual E0 dispara o processo, ativando os refletores infravermelhos, que vão aquecer a chapa até a temperatura de termoformagem.
3. Um temporizador T1 é acionado, controlando a exposição da chapa ao aquecimento, que desliga os refletores e aciona o atuador A assim que a temperatura ideal for atingida. Com isso, a haste do atuador posiciona a chapa entre o plugue macho e fêmea.
4. Ao final do seu curso (E2 pressionado), é ativada a subida do plugue macho e a descida do plugue fêmea.
5. Assim que o molde fechar, E4 e E6 acionarão simultaneamente um temporizador T2 que vai temporizar a duração de fechamento dos plugues.
6. Decorrido o tempo de termoformagem programado no temporizador T2, os plugues retornarão, provocando o retorno do atuador A, que pressionará E1, encerrando o ciclo.
7. Em relação à precisão das dobras, trata-se de uma questão da cavidade, da força de fechamento dos plugues e da espessura da chapa.
8. Os atuadores serão dotados de válvulas controladoras de fluxo para o controle de velocidade.
9. Os fins de curso podem ser mecânicos, elétricos ou eletrônicos.

Representação gráfica do comando sequencial

A sua função é representar graficamente — e de forma sistemática — o desenvolvimento do processo funcional, demonstrando de forma clara, como um mapa, todos os passos necessários para a realização do ciclo. Em conjunto com o esquema do processo e a formulação verbal, permite um claro entendimento do ciclo, mesmo por quem pouco entenda de automação (FIALHO, 2004).

Na automação pneumática, existem cinco representações gráficas possíveis; no entanto, duas são mais exploradas, e a mais conhecida, que se popularizou entre os projetistas, é o diagrama trajeto–passo. As possíveis representações gráficas são o diagrama trajeto–passo, o de posicionamento dos atuadores, de atuação dos sensores, de comando dos atuadores e o diagrama funcional. Veja a Figura 6.

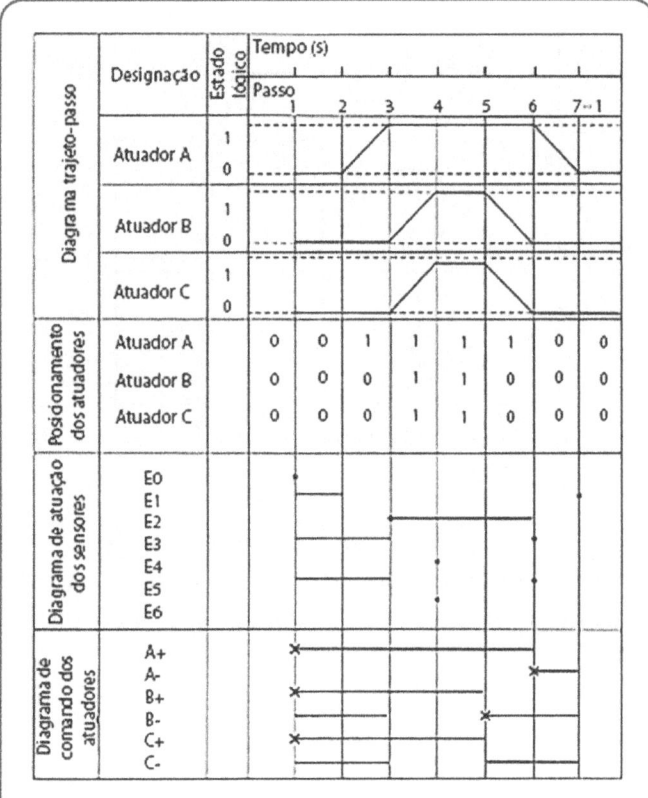

Figura 6. Diagramas: a) trajeto–passo; b) posicionamento dos atuadores; c) atuação dos sensores; e d) comando dos atuadores.
Fonte: Fialho (2004).

Componentes de comandos sequenciais

Em um sistema de comando sequencial pneumático, utilizam-se diversos componentes para que o sistema seja capaz de realizar as suas operações de forma conjunta e organizada. Um dos tipos de componentes utilizados são as válvulas direcionais, ilustradas na Figura 7. Essas válvulas são responsáveis por permitir a vazão do fluido por diferentes vias, a fim de realizar determinado trabalho.

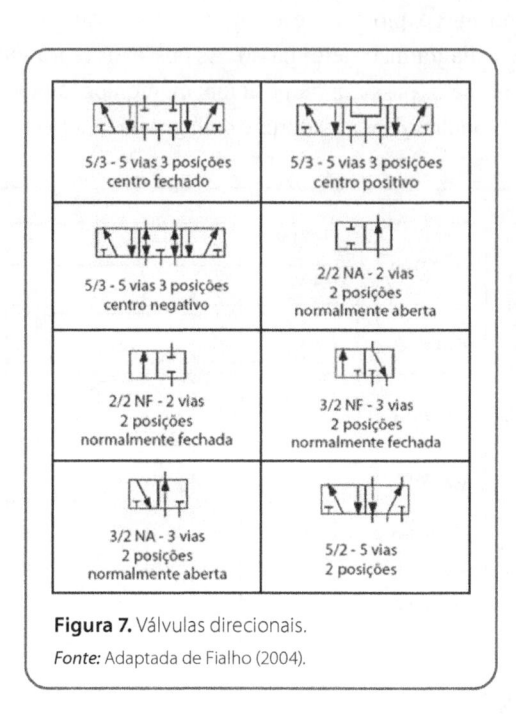

Figura 7. Válvulas direcionais.
Fonte: Adaptada de Fialho (2004).

Conforme ilustrado na Figura 8, os acionamentos das válvulas podem ser realizados de diversas maneiras, e são os responsáveis por acionar e desacionar os atuadores.

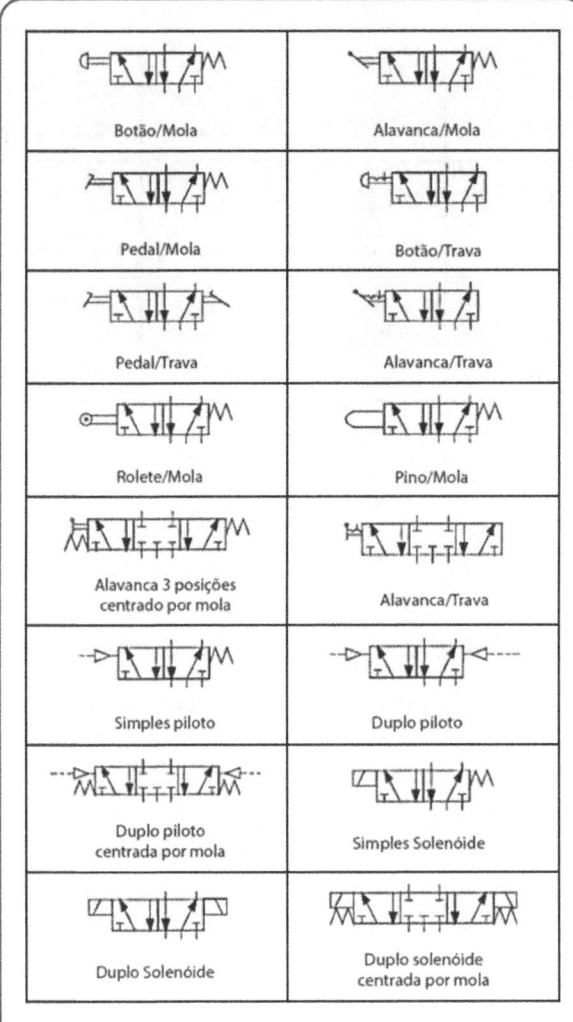

Botão/Mola	Alavanca/Mola
Pedal/Mola	Botão/Trava
Pedal/Trava	Alavanca/Trava
Rolete/Mola	Pino/Mola
Alavanca 3 posições centrado por mola	Alavanca/Trava
Simples piloto	Duplo piloto
Duplo piloto centrada por mola	Simples Solenóide
Duplo Solenóide	Duplo solenóide centrada por mola

Figura 8. Tipos de acionamentos.
Fonte: Adaptada de Fialho (2004).

Nos sistemas sequenciais, também se utilizam diversos tipos de acessórios, como filtro, manômetro, silenciador, secador de ar, válvulas de retenção, entre outros, os quais podem ser visualizados na Figura 9.

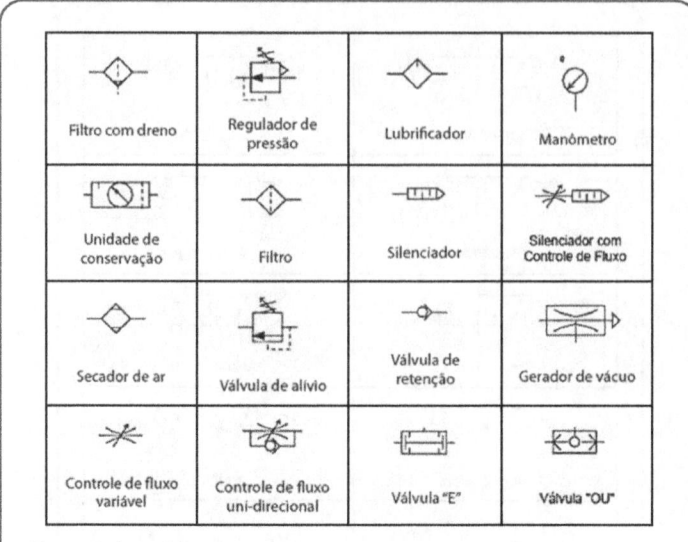

Filtro com dreno	Regulador de pressão	Lubrificador	Manômetro
Unidade de conservação	Filtro	Silenciador	Silenciador com Controle de Fluxo
Secador de ar	Válvula de alívio	Válvula de retenção	Gerador de vácuo
Controle de fluxo variável	Controle de fluxo uni-direcional	Válvula "E"	Válvula "OU"

Figura 9. Acessórios.
Fonte: Adaptada de Fialho (2004).

Os atuadores também são amplamente utilizados nos sistemas sequenciais. Caracterizam-se pela produção de movimento a comandos que podem ser manuais, elétricos ou mecânicos. A Figura 10 ilustra os principais tipos de atuadores utilizados.

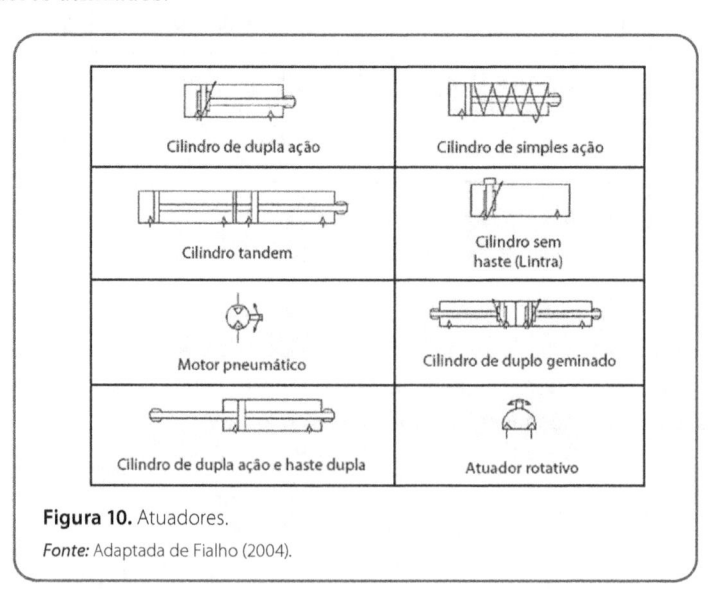

Cilindro de dupla ação	Cilindro de simples ação
Cilindro tandem	Cilindro sem haste (Lintra)
Motor pneumático	Cilindro de duplo geminado
Cilindro de dupla ação e haste dupla	Atuador rotativo

Figura 10. Atuadores.
Fonte: Adaptada de Fialho (2004).

A grande diferença dos componentes utilizados no sistema pneumático para os do sistema sequencial está na utilização de equipamentos elétricos. A Figura 11 ilustra os principais tipos de equipamentos elétricos usados nos sistemas de comandos sequenciais.

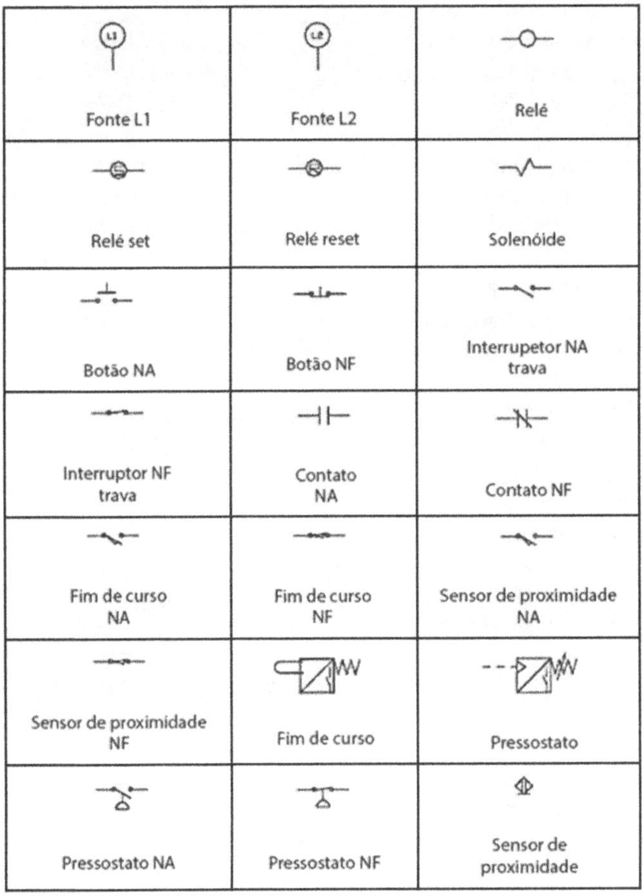

Fonte L1	Fonte L2	Relé
Relé set	Relé reset	Solenóide
Botão NA	Botão NF	Interruptor NA trava
Interruptor NF trava	Contato NA	Contato NF
Fim de curso NA	Fim de curso NF	Sensor de proximidade NA
Sensor de proximidade NF	Fim de curso	Pressostato
Pressostato NA	Pressostato NF	Sensor de proximidade

Figura 11. Equipamentos elétricos.
Fonte: Adaptada de Fialho (2004).

Exercícios

1. Por meio da padronização e da simbologia dos processos, é possível que uma pessoa na Europa realize determinada operação da mesma forma que ela é realizada no Brasil, sem que ocorra o contato entre as pessoas. No caso dos comandos sequenciais, de que forma é representado o seu funcionamento?
   a) De forma simbológica.
   b) Algebricamente.
   c) Por meio de diagrama.
   d) Numericamente.
   e) Com desenho técnico mecânico.

2. Produzem uma sequência predeterminada de ações, cuja passagem de uma ação para outra ocorre em função do cumprimento de condições básicas, as quais são originadas por sinais de entradas externas e internas. Em um sistema que utiliza ar comprimido, assinale a alternativa que corresponde à definição acima.
   a) Sistema pneumático.
   b) Compressor.
   c) Reservatório.
   d) Atuador.
   e) Comando sequencial.

3. Todo comando sequencial deve iniciar com a análise do sistema e das ações do comando desejado por meio de esquemas e da formulação verbal do problema, para em seguida sistematizar essas informações com alguma forma de representação gráfica. Assinale com V (verdadeiro) ou F (falso) as alternativas que correspondem à representação gráfica do comando sequencial:
   ( ) Representa graficamente e de forma sistemática o desenvolvimento do processo funcional.
   ( ) Utiliza letras e sinais positivos e negativos para ilustrar o sistema.
   ( ) Na automação pneumática, existem apenas três formas gráficas de representar o comando sequencial.
   ( ) O tipo de representação mais utilizado e conhecido é o diagrama de trajeto–passo.
   Qual das opções abaixo responde às questões de forma correta?
   a) V – F – F – V
   b) F – F – V – V
   c) V – V – F – F
   d) F – V – F – V
   e) V – F – V – F

4. Relé, interruptor, sensor, pressostato e solenoide pertencem a qual grupo de componentes sequenciais?
   a) Válvulas direcionais.
   b) Tipos de acionamentos.
   c) Acessórios.
   d) Atuadores.
   e) Equipamentos elétricos.

5. Em um sistema de comando sequencial pneumático, utilizam-se diversos componentes para que o sistema seja capaz de realizar as

suas operações de forma conjunta e organizada. Assinale a opção que relaciona corretamente o componente de acordo com sua descrição.

a) Cilindros: são responsáveis por permitir a vazão do fluido por diferentes vias, a fim de realizar determinado trabalho.

b) Acessórios: são elementos mecânicos que transformam energia cinética em energia mecânica, por meio de movimentos lineares.

c) Atuadores: caracterizam-se pela produção de movimento a comandos, que podem ser manuais, elétricos ou mecânicos.

d) Válvulas: responsáveis por captar e comprimir o ar do ambiente e enviá-lo aos equipamentos necessários com determinada pressão e vazão.

e) Equipamentos elétricos: utilizam ar comprimido para gerar trabalho, por meio da utilização de atuadores e válvulas.

Referências

FIALHO, A. B. *Automação pneumática*: projetos, dimensionamento e análise de circuitos. 2. ed. São José dos Campos: Érica, 2004.

PEQUENO, D. A. C. *Hidráulica e pneumática*. Fortaleza: CEFET, 2011. Disponível em: <https://pt.scribd.com/document/224842259/Apostila-de-Hidraulica-e-Pneumatica>. Acesso em: 23 jul. 2018.

Leituras recomendadas

PARKER HANNIFIN. *Tecnologia pneumática industrial*. Jacareí: PARKER, [2000]. Disponível em: <https://www.parker.com/literature/Brazil/apostila_M1001_1_BR.pdf>. Acesso em: 18 jul. 2018.

PAVANI, S. A. *Comandos hidráulicos e pneumáticos*. 3. ed. Santa Maria: UFSM, 2010.

Dispositivos eletro-hidráulicos e eletropneumáticos

Objetivos de aprendizagem

Ao final deste texto, você deve apresentar os seguintes aprendizados:

- Definir dispositivos comandados eletricamente.
- Reconhecer a importância dos dispositivos eletro-hidráulicos e eletropneumáticos na automação industrial.
- Identificar a seleção de dispositivos eletro-hidráulicos e eletropneumáticos.

Introdução

Cada vez mais, tem-se observado a combinação de várias formas de energia em processos de fabricação industriais. A experiência dos profissionais e os estudos desenvolvidos em universidades uniram os conhecimentos de hidráulica, pneumática, eletricidade e eletrônica e desenvolveram novas formas para a realização das atividades, por meio da automatização dos processos industriais. A automação possibilita incremento da produção, redução de custos operacionais e redução de número de acidentes relacionados com operações repetitivas. Os sistemas eletropneumáticos e eletro-hidráulicos são amplamente utilizados nos processos automatizados de montadoras de automóveis, fábricas de plásticos, robótica, indústria aeroespacial, entre outros.

Neste capítulo, você vai entender o que são dispositivos comandados eletricamente. Também conhecerá a importância dos dispositivos eletro-hidráulicos e eletropneumáticos na automação industrial e aprenderá sobre a seleção de dispositivos eletro-hidráulicos e eletropneumáticos.

Dispositivos comandados eletricamente

A crescente corrida pela implantação de sistemas automatizados na indústria vem sendo um assunto abordado mundialmente. Imagine-se em uma empresa na qual foi implantado um sistema de automação baseado apenas em pneumática: tubulações de ar por todos os lados, quantidade elevada de compressores para manter a pressão e a vazão aceitáveis (de forma que máquinas e equipamentos funcionem perfeitamente) e grande parte dos acionamentos sendo feita manualmente. Por outro lado, imagine um sistema de uma máquina de grande porte totalmente hidráulico, como em uma colheitadeira: uma quantidade enorme de tubulações de fluido comprimido sob altas pressões, um grande reservatório de fluido, acionamentos manuais, etc.

Tais características demandariam custos elevados e envolveriam a segurança dos operadores e o aumento do custo do produto. Em muitos casos, também, diversos sistemas não seriam utilizados, resultando na perda de produtividade e qualidade. Dessa forma, além de um sistema pneumático ou hidráulico devidamente dimensionado, faz-se necessária a utilização de dispositivos comandados/acionados eletricamente, simplificando esses sistemas, diminuindo custos e melhorando a produtividade e a qualidade dos produtos ou serviços prestados.

Os dispositivos elétricos são componentes de um sistema automatizado que recebem os comandos do circuito elétrico, acionando as máquinas e os equipamentos elétricos (FRANCHI, 2008). Como você pode ver na Figura 1, um sistema pneumático ou hidráulico comandado eletricamente deverá conter:

- controlador;
- dispositivos e/ou circuitos elétricos;
- equipamentos.

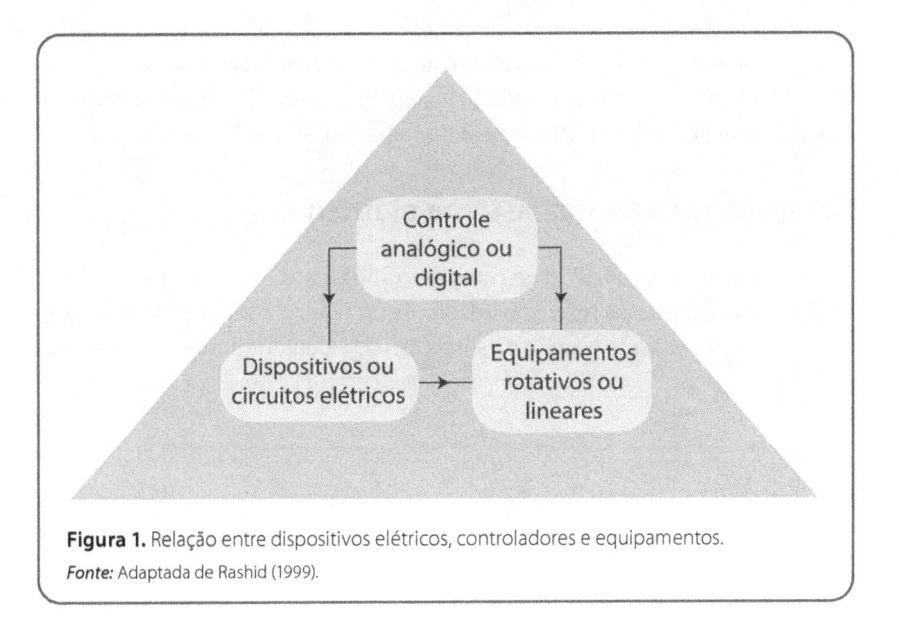

Figura 1. Relação entre dispositivos elétricos, controladores e equipamentos.
Fonte: Adaptada de Rashid (1999).

A partir da planta do projeto de automação, obtém-se a sequência de operações dos elementos de trabalho, ou seja, um diagrama que informa a posição de cada elemento de trabalho nas etapas do processo automatizado. Bonacorso e Noll (1997) propõem que, a partir dessa sequência de operações, constrói-se o circuito elétrico, de acordo com os elementos a seguir.

- **Elementos de controle** constituem um circuito elétrico que combina as informações fornecidas pelos sensores elétricos com a sequência de operação, gerando o acionamento elétrico para os elementos de comando.
- **Elementos de comando** são válvulas pneumáticas, relés e contatores que, por sua vez, acionam os elementos de trabalho.
- **Elementos de trabalho** transformam energia elétrica e pneumática em outras formas de energia. São os motores elétricos, cilindros e motores pneumáticos que executam determinada tarefa automaticamente e, ao fazerem isso, acionam os elementos de sinal.
- **Elementos de sinal** são sensores elétricos que informam continuamente o elemento de controle sobre o andamento do processo automatizado. Nesse mecanismo, há uma realimentação contínua dos sensores elétricos, informando ao elemento de controle o estado atual de cada elemento de trabalho.

Bonacorso e Noll (1997) complementam que é com base nessa informação que o elemento de controle comanda a etapa seguinte. Isso se dá de maneira cíclica, estabelecendo um processo automatizado.

Componentes de um sistema elétrico

Conforme abordado por Parker Hannifin (2005), nos sistemas que utilizam eletricidade, o processo referente aos sinais pode ser dividido em três etapas: entrada, processamento e envio de sinais elétricos, como você pode visualizar na Figura 2.

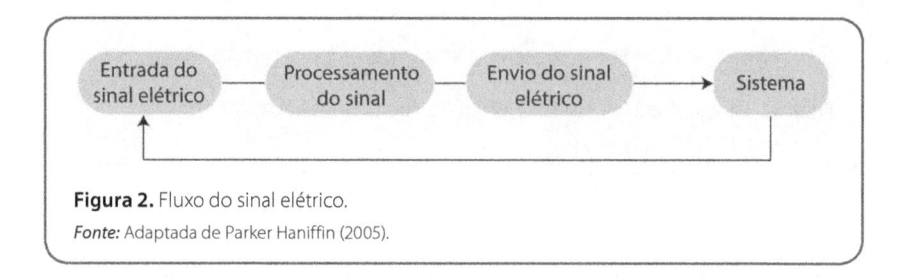

Entrada do sinal elétrico → Processamento do sinal → Envio do sinal elétrico → Sistema

Figura 2. Fluxo do sinal elétrico.
Fonte: Adaptada de Parker Haniffin (2005).

Componentes de entrada

São aqueles que emitem informações ao circuito por meio de uma ação muscular, mecânica, elétrica, eletrônica ou uma combinação entre elas. Entre os elementos de entrada de sinais, podemos citar as botoeiras, as chaves de fim de curso, os sensores de proximidade e os pressostatos, entre outros. Todos eles são destinados a emitir sinais para energização ou desenergização do circuito ou parte dele (PARKER HANNIFIN, 2005).

As **botoeiras** são chaves elétricas acionadas manualmente, que em geral apresentam um contato aberto e outro fechado. De acordo com o tipo de sinal a ser enviado ao comando elétrico, as botoeiras são caracterizadas como pulsadoras ou com trava.

As **botoeiras pulsadoras**, também conhecida como botão de impulso (Figura 3), invertem os seus contatos mediante o acionamento de um botão. Devido à ação de uma mola, retornam à posição inicial quando cessa o acionamento (PARKER HANNIFIN, 2005).

A **botoeira com trava** (Figura 4) possui um contato aberto e um fechado, sendo acionada por um botão pulsador liso e reposicionada por mola. As botoeiras com trava permanecem acionadas e travadas mesmo depois de cessado o acionamento. Também podem ser de acionamento manual, o qual é conhecido como botão flip-flop. Esse sistema se alterna de acordo com os pulsos de acionamento no botão de comando: uma vez inverte os contatos da botoeira; na outra os traz à posição inicial (PARKER HANNIFIN, 2005).

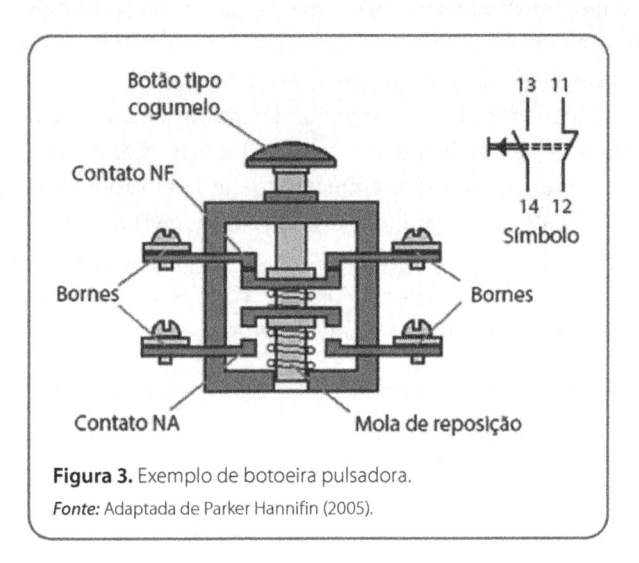

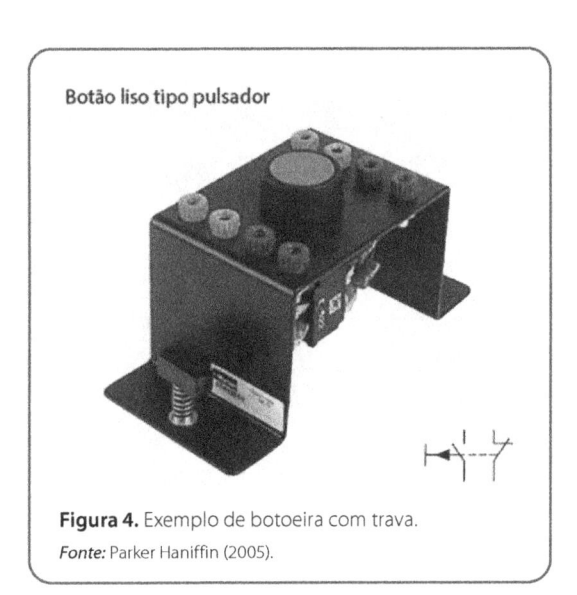

Figura 3. Exemplo de botoeira pulsadora.
Fonte: Adaptada de Parker Hannifin (2005).

Figura 4. Exemplo de botoeira com trava.
Fonte: Parker Haniffin (2005).

Os **interruptores de fim de curso** (ou chaves de fim de curso) são dispositivos auxiliares de comando de acionamento e têm como função comandar os contatores e os circuitos de sinalização. Basicamente, são constituídos de uma alavanca ou haste, com ou sem roldanas em sua extremidade, transmitindo o movimento aos contatos, que se abrem ou se fecham de acordo com a função (Franchi, 2008). O seu acionamento ocorre mecanicamente, e em geral são posicionados no percurso de cabeçotes móveis de máquinas e equipamentos industriais, bem como das hastes de cilindros hidráulicos ou pneumáticos. O acionamento de uma chave de fim de curso pode ser efetuado por meio de um rolete mecânico ou de um rolete escamoteável, também conhecido como gatilho. Há ainda chaves de fim de curso acionadas por uma haste apalpadora, do tipo utilizado em instrumentos de medição, como num relógio comparador (PARKER HANNIFIN, 2005). A Figura 5 mostra um exemplo desse tipo de interruptor.

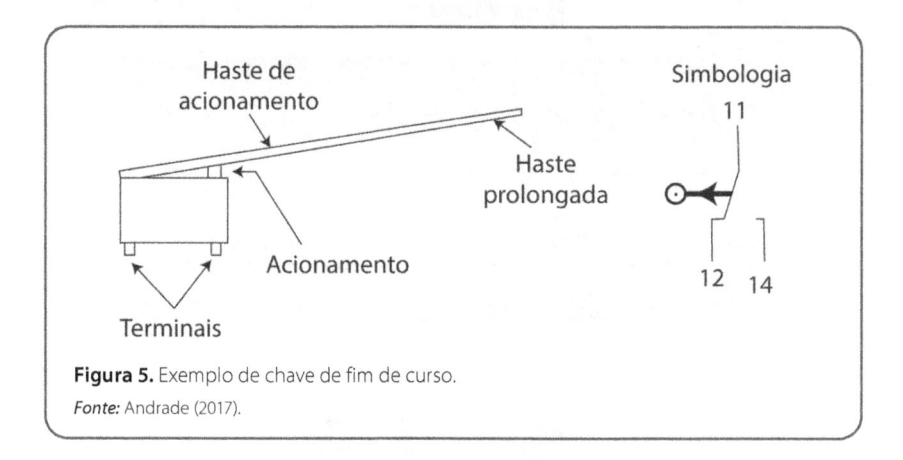

Figura 5. Exemplo de chave de fim de curso.
Fonte: Andrade (2017).

Saiba mais

Rolete: tipo de acionamento indireto, com comutação em qualquer sentido.
Gatilho ou rolete escamoteável: seu acionamento ocorre em apenas um sentido do movimento, emitindo um sinal de comutação breve.

Os **sensores de proximidade** são elementos emissores de sinais elétricos, os quais são posicionados no decorrer do percurso de cabeçotes móveis de máquinas e equipamentos industriais, bem como das hastes de cilindros hidráulicos e pneumáticos. O acionamento dos sensores, entretanto, não depende de contato físico com as partes móveis dos equipamentos; basta apenas que essas partes se aproximem dos sensores a uma distância que varia de acordo com o tipo de sensor utilizado (PARKER HANNIFIN, 2005).

Existem no mercado diversos tipos de sensores de proximidade, os quais devem ser selecionados de acordo com o tipo de aplicação e do material a ser detectado. Os mais empregados na automação de máquinas e equipamentos industriais são os sensores capacitivos, indutivos, ópticos, magnéticos e ultrassônicos — além dos sensores de pressão, volume e temperatura, muito utilizados na indústria de processos (PARKER HANNIFIN, 2005).

Saiba mais

Na maior parte dos sensores de proximidade, é necessária a utilização de relés auxiliares, com o objetivo de amplificar o seu sinal de saída, garantindo a correta aplicação do sinal e a integridade do equipamento.

Os componentes de processamento de sinais elétricos

Esses componentes analisam as informações emitidas ao circuito pelos elementos de entrada, combinando-as entre si, para que o comando elétrico apresente o comportamento final desejado diante dessas informações. Entre os elementos de processamento de sinais, podemos citar os relés auxiliares, os contatores de potência, os relés temporizadores e os contadores, entre outros. Todos eles são destinados a combinar os sinais para energização ou desenergização dos elementos de saída (PARKER HANNIFIN, 2005).

Relés auxiliares são chaves elétricas de quatro ou mais contatos (Figura 6), acionadas por bobinas eletromagnéticas. Em essência, consistem em chaves eletromagnéticas que têm por função abrir ou fechar contatos, a fim de conectar ou interromper circuitos elétricos. Há no mercado uma grande diversidade de tipos de relés auxiliares, que, embora sejam diferentes em termos construtivos, basicamente apresentam as mesmas características de funcionamento (PARKER HANNIFIN, 2006).

Figura 6. Relé auxiliar.
Fonte: Parker Hannifin (2005).

Alguns relés mais comuns são relé auxiliar, térmico, relé de remanência, de tempo, de tempo eletrônico com retardo na energização, de tempo eletrônico digital com retardo na desenergização, de tempo eletrônico cíclico (PARKER HANNIFIN, 2006).

Os **contatores** são equipamento de comando que permitem o controle de correntes elevadas por meio de um circuito de baixa corrente. Caracterizam-se como uma chave de operação não manual, eletromagnética, capaz de estabelecer, conduzir e interromper correntes em condições normais de circuito. É constituído de uma bobina que, quando é alimentada, cria um campo magnético no núcleo fixo, o qual atrai o móvel, fechando o circuito. Cessando a alimentação da bobina, o campo magnético é interrompido, provocando o retorno do núcleo por molas (FRANCHI, 2008).

Os contatores de potência são dimensionados para suportar correntes elétricas mais elevadas, se comparados com os relés, normalmente empregados na energização de dispositivos elétricos que exigem maiores potências de trabalho (PARKER HANNIFIN, 2005). Os contatores auxiliares são equipados somente com contatos auxiliares, utilizados para fins de bloqueio, informação via sinalização e comando (PARKER HANNIFIN, 2006).

Os componentes de saída de sinais elétricos

Esses componentes são aqueles que recebem as ordens processadas e enviadas pelo comando elétrico e que, a partir delas, realizam o trabalho final esperado do circuito. Entre os muitos elementos de saída de sinais disponíveis no mercado, os que nos interessam mais diretamente são os indicadores luminosos e sonoros, bem como os solenoides aplicados no acionamento eletromagnético de válvulas hidráulicas e pneumáticas (PARKER HANNIFIN, 2005).

Os indicadores luminosos são lâmpadas incandescentes ou LEDs, utilizadas na sinalização visual de eventos ocorridos ou prestes a ocorrer. São empregados geralmente em locais de boa visibilidade, que facilitem a visualização do sinalizador (PARKER HANNIFIN, 2005).

Os indicadores sonoros são campainhas, sirenes, cigarras ou buzinas, empregados na sinalização acústica de eventos ocorridos ou prestes a ocorrer. Ao contrário dos indicadores luminosos, os sonoros são utilizados principalmente em locais de pouca visibilidade, em que um sinalizador luminoso seria pouco eficaz (PARKER HANNIFIN, 2005).

Importância dos dispositivos eletro-hidráulicos e eletropneumáticos

Dispositivos eletropneumáticos são componentes de comando e acionamento cuja função é utilizar um sinal elétrico para uma atuação pneumática. Eles são utilizados em máquinas e equipamentos industriais, e a sua aplicação é indicada em processos repetitivos com necessidade de velocidade e precisão. Por meio da interação entre os elementos pneumáticos e elétricos, é possível obter o funcionamento e os movimentos exigidos pelo sistema mecânico. Enquanto o circuito pneumático é responsável pelo acionamento das partes mecânicas, o circuito elétrico se encarrega da sequência de comando dos elementos pneumáticos, para que as partes móveis da máquina ou do equipamento apresentem os movimentos desejados.

Os processos industriais utilizam a combinação da energia pneumática com a energia elétrica, a qual chamamos de **automação eletropneumática**. Um sistema eletropneumático automatizado, conforme a Figura 7, é composto pelas seguintes partes: elementos de sinal, elementos de trabalho, elementos de comando e elemento de controle (BONACORSO; NOLL, 1997).

Figura 7. Diagrama de um sistema eletropneumático automatizado.
Fonte: Adaptada de Bonacorso e Noll (1997, p. 3).

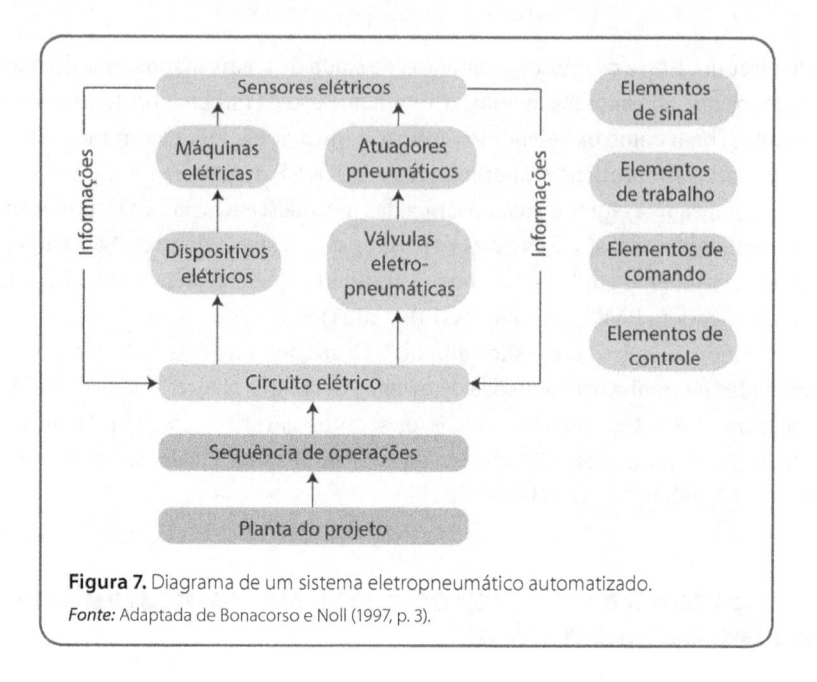

Dispositivos eletro-hidráulicos seguem o mesmo princípio dos eletropneumáticos; no entanto, são compostos por componentes hidráulicos associados a elementos elétricos, utilizando-se válvulas solenoides. São aplicados em processos que exigem maiores esforços mecânicos; porém, os ajustes de pressão ou vazão, nesses casos, necessitam de válvulas reguladas manualmente. Com o desenvolvimento da eletrônica e dos sistemas de controle, é possível que um sistema opere sob diferentes níveis de pressão e vazão, como durante o ciclo de operação de uma máquina ou a preparação do *setup* da máquina (PARKER HANNIFIN, 2006).

A diferença entre os sistemas pneumáticos e hidráulicos está relacionada à pressão atingida pelo ar e pelo óleo. O sistema hidráulico trabalha com valores de pressão até 50 vezes maiores do que os utilizados nos sistemas pneumáticos, e também com valores de forças muito superiores. Por apresentarem maior pressão e força, os sistemas hidráulicos possuem construção robusta. Os componentes elétricos utilizados nos circuitos que empregam dispositivos eletro-hidráulicos são distribuídos da mesma forma que os eletropneumáticos, conforme foi ilustrado na Figura 1.

Seleção de dispositivos eletro-hidráulicos e eletropneumático

A fim de automatizar processos e/ou equipamentos, a escolha por dispositivos eletro-hidráulicos ou eletropneumáticos só poderá ser realizada com base no tipo de fluido utilizado no sistema. No sistema hidráulico, não poderá ser utilizado um dispositivo eletropneumático, e vice-versa. Dessa forma, a definição correta do tipo de sistema a ser implantado deverá ocorrer a partir das principais características de cada uma das opções — hidráulica e pneumática.

A hidráulica se destaca pela sua capacidade de atuação sobre elevados níveis de pressão e sua precisão em controlar a velocidade e também possíveis paradas do sistema. Veja a seguir algumas características (Parker (2006):

- permite bom controle da velocidade dos acionamentos;
- possibilita parada instantânea;
- permite a aplicação de elevadas pressões;
- em relação à potência resultante, apresenta peso e tamanho pequenos;
- tem custo elevado;
- tem baixo rendimento.

Por outro lado, o sistema pneumático possui algumas características que limitam o seu processo em relação ao do sistema hidráulico (Parker (2006):

- implica baixo investimento;
- reduz os custos operacionais;
- facilita a implantação;
- apresenta resistência a ambientes hostis;
- utiliza baixas pressões de trabalho;
- melhora a ergonomia do processo;
- pode apresentar oscilações no movimento;
- tem dificuldade em controlar a velocidade ou a parada do atuador.

As diferenças entre um sistema totalmente pneumático e um sistema que utiliza dispositivos eletropneumáticos podem ser analisadas de acordo com o Quadro 1, destacando-se a fonte de alimentação, os elementos de sinal e o elemento processador de sinal.

Quadro 1. Diferença entre a cadeia de comando pneumática e eletropneumática

Pneumática	Cadeia de comando	Eletropneumática
Atuadores (cilindros)	Elemento de trabalho	Atuadores (cilindros)
Válvula reguladora de fluxo Válvula de escape rápido	Elemento auxiliar (controle de velocidade)	Válvula reguladora de fluxo Válvula de escape rápido
Válvula 5/2 vias; 3/2 vias (piloto e mola)	Elemento de comando	Válvula 5/2 vias; 3/2 vias (solenoide)
Válvula "e" "ou" temporizadora, sequencial	Elemento processador de sinal	Contratores, contadores, relés, temporizadores
Botão, fim de curso	Elemento de sinal	Botão, fim de curso, sensores
Filtro + regulador de pressão + lubrificador	Fonte de alimentação	Fonte de energia elétrica 12 Vcc ou 24 Vcc 12, 24, 115 ou 230 V

Fonte: Adaptado de Saul ([201-?]).

Observando a cadeia de comando do Quadro 1, podemos considerar interessante a utilização de elementos essencialmente pneumáticos nos dois primeiros níveis (elemento de trabalho e elemento auxiliar), ficando todos os demais níveis voltados à utilização de sistemas elétricos. Com isso, estaríamos eliminando as perdas por vazamentos, velocidade de transmissão de sinais, respostas dos elementos sensores, etc.

Fique atento

Entende-se por ambiente hostil, um ambiente que esteja sujeito a poeira, atmosfera corrosiva, oscilações de temperatura e umidade.

Os atuadores e as válvulas eletro-hidráulica são amplamente utilizados em diversas áreas da engenharia (máquinas rodoviárias, agrícolas, automobilística). As suas atividades e a sua forma de controle são amplamente estudadas, de forma que as suas aplicações se tornem cada vez mais eficientes (AZEVEDO, 2016). A substituição dos atuadores e das válvulas simples por atuadores e válvulas Eletro-hidráulicas permite que o sistema opere com maiores níveis de eficiência, aumentando a produtividade.

Exercícios

1. Um sistema de controle eletropneumático utiliza válvulas da mesma forma que um sistema pneumático normal. Durante a análise de um diagrama pneumático, você se depara com a simbologia da seguinte válvula pneumática:

    Sistema eletropneumático
    Cilindro A

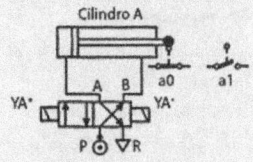

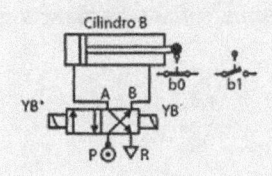

    Cilindro B

    Circuito elétrico de controle

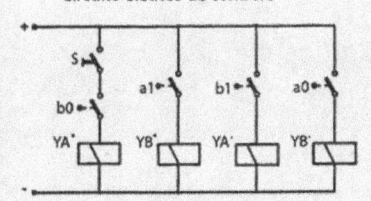

    A simbologia ilustrada acima é de uma válvula que possui:
    a) 5 vias e 2 posições com acionamento unidirecional, acionada por solenoide.
    b) 4 vias e 2 posições com acionamento bidirecional e retorno por mola.
    c) 4 vias e 2 posições com acionamento bidirecional e retorno por solenoide.
    d) 5 vias e 2 posições com acionamento bidirecional, acionada por solenoide.
    e) 4 vias e 2 posições com retorno por mola.

2. Para a automação de determinado sistema, a escolha correta do sistema (eletropneumático ou eletro-hidráulico) é fundamental. Suponha que você opte por implantar um sistema eletro-hidráulico. Assinale a alternativa que apresente apenas características desse sistema.
    a) Baixo rendimento, baixo investimento.
    b) Resistente a ambientes hostis, utiliza baixas pressões.
    c) Custo elevado, permite a aplicação de pressões elevadas.
    d) Possibilita parada instantânea, pode apresentar oscilações de movimento.
    e) Em relação à potência, apresenta peso e tamanho pequenos, dificuldade em controlar a parada ou a velocidade do atuador.

3. A sequência de operações corresponde a um diagrama que informa a posição de cada grupo de ele-

mentos nas etapas do processo automatizado. A partir dessa sequência de operações, é possível definir o circuito elétrico. Assinale com V (verdadeiro) ou F (falso) as opções a seguir, que fazem referência aos grupos de elementos citados.
( ) Elementos de controle
( ) Elementos pneumáticos
( ) Elementos hidráulicos
( ) Elementos de sinal
Qual das opções abaixo responde às questões acima de forma correta?
a) V – F – F – V
b) V – F – V – V
c) F – V – F – F
d) F – V – F – V
e) V – F – V – F

4. Os componentes de processamento de sinais elétricos analisam as informações emitidas ao circuito pelos elementos de entrada, combinando-as entre si, para que o comando elétrico apresente o comportamento final desejado diante dessas informações. Assinale a opção que possua apenas componentes de processamento de sinais elétricos.
a) Relés e contatores.
b) Botoeiras e contatores.
c) Indicadores sonoros e botoeira pulsadora.
d) Indicadores de luz e contatores.
e) Relés e sensores.

5. Os componentes de saída de sinais elétricos são aqueles que recebem as ordens processadas e enviadas pelo comando elétrico e, a partir delas, realizam o trabalho final esperado do circuito. Assinale a opção que possua apenas componentes de saída de sinais elétricos.
a) Relés e sensores.
b) Indicadores de luz e contatores.
c) Relés e contatores.
d) Botoeiras e contatores.
e) Indicadores sonoros e luminosos.

Referências

ANDRADE, C. *O que é chave fim de curso e onde usar.* 2017. Disponível em: <https://www.saladaeletrica.com.br/chave-fim-de-curso/>. Acesso em: 18 jul. 2018.

AZEVEDO, G. O. A. *Controle de sistemas eletro-hidráulicos via linearização por realimentação com compensação inteligente de incertezas.* 2016. 139 f. Dissertação (Mestrado) – Universidade Federal do Rio Grande do Norte, Natal, 2016. Disponível em: <https://repositorio.ufrn.br/jspui/handle/123456789/22652?mode=full>. Acesso em: 18 jul. 2018.

BONACORSO, N. G; NOLL, V. *Automação eletropneumática.* São José dos Campos: Érica, 1997.

FRANCHI, C. M. *Acionamentos elétricos.* 4. ed. São José dos Campos: Érica, 2008.

PARKER HANNIFIN. *Tecnologia Eletro-hidráulica industrial.* Jacareí: São Paulo: 2006. Disponível em: <http://www.trajanocamargo.com.br/wp-content/uploads/2012/05/Eletrohidraulica_Parker.pdf>. Acesso em: 18 jul. 2018.

PARKER HANNIFIN. *Tecnologia eletropneumática industrial.* Jacareí: São Paulo: 2005. Disponível em: <https://www.parker.com/literature/Brazil/m_1002_2.pdf>. Acesso em: 18 jul. 2018.

RASHID, M. H. *Eletrônica de potência:* circuitos, dispositivos e aplicações. São Paulo: Makron Books, 1999.

SAUL, P. *Apostila eletropneumática: técnicas de comando e exercícios.* [201-?]. Disponível em: <www.jorgestreet.com.br/arquivos/professores/saul/epn1.pdf>. Acesso em: 18 jul. 2018.

Gabaritos

Para ver as respostas de todos os exercícios deste livro, acesse o link abaixo ou utilize o código QR ao lado.

https://goo.gl/gQR2LG